超人类进化

从仿生到人工智能

许华哲 修新羽 ◎著

机械工业出版社
CHINA MACHINE PRESS

本书带领读者踏上一段探索仿生机器人和人工智能技术的奇妙旅程，通过丰富多彩、栩栩如生的插图和实际案例，深入浅出地介绍了仿生机器人技术如何从自然界的无尽宝藏中汲取灵感，进而推动人工智能技术的发展和新材料的发现。

全书采用科幻和科学相结合的写作手法，围绕仿生机器人的五大核心领域展开，详细阐述了这些领域的基本概念、最新进展以及未来趋势。除了技术层面的探讨，本书还深入探索了自然界中一些令人惊叹的生物特性，如蝴蝶的绚丽鳞翅、鱼类的独特鳞片以及鸟类的优雅飞行方式。这些生物不仅令人着迷，更是仿生机器人研究的灵感源泉。通过详细剖析这些生物的结构及其功能，揭示了它们是如何启发人类创造出令人瞩目的新技术和新材料的。

无论是对仿生机器人感兴趣的读者，还是希望了解人工智能技术和新材料发展前沿的读者，都能从本书中获得宝贵的启示和灵感。

图书在版编目（CIP）数据

超人类进化：从仿生到人工智能 / 许华哲，修新羽著. -- 北京：机械工业出版社，2025.4. -- ISBN 978-7-111-78417-3

I. TP242-49；TP18-49

中国国家版本馆CIP数据核字第2025DX1872号

机械工业出版社（北京市百万庄大街22号　邮政编码100037）
策划编辑：郑志宁　　　　　责任编辑：郑志宁　章承林
责任校对：张亚楠　陈　越　责任印制：单爱军
北京瑞禾彩色印刷有限公司印刷
2025年7月第1版第1次印刷
148mm×210mm・6.125印张・3插页・109千字
标准书号：ISBN 978-7-111-78417-3
定价：79.00元

电话服务	网络服务
客服电话：010-88361066	机　工　官　网：www.cmpbook.com
010-88379833	机　工　官　博：weibo.com/cmp1952
010-68326294	金　书　网：www.golden-book.com
封底无防伪标均为盗版	机工教育服务网：www.cmpedu.com

推荐序

DeepTech 作为一家科技服务机构,每天接触的都是新兴科技、科技创新者和科技创业事宜。我们一次又一次感叹于人类智慧带来的科技进步,科技进步又反哺人类社会进步。这更让我们意识到一家科技服务机构身负的社会责任——让更多的人了解科学、技术、科技创新,了解科技背后的人和故事。

图书显然是用于传递科学技术知识最经典的媒介之一。自 2016 年以来,DeepTech 开始聚焦前沿科技科普领域,至今已经正式推出十余种持续热销的图书。在这些图书中,有面向科技和科创界的重大科技盘点著作,有面向大众的科普和科学家故事,还有为青少年撰写的科学趣文。

这次由机械工业出版社出版的《超人类进化:从仿生到人工智能》一书,聚焦仿生机器人和人工智能技术。我们的初衷就是希望通过生动的文字,让大家了解人工智能这个时刻在改变我们生活的技术。非常幸运能够邀请到来自清华大学交叉信息研究院的许华哲教授以及同样来自清华大学的新兴作家修新羽老师成为本书的作者。

两位作者都非常年轻，对科普创作充满热情。经过讨论，他们决定用虚实结合的方式来"创造"本书：许华哲教授，不仅是人工智能领域的专家，也是该领域的创业先锋，他会从科学的角度详细阐述仿生机器人五大核心领域的基本概念、最新进展和未来趋势；同时，修新羽老师则用科幻故事的方式将读者带入科技场景。我们希望读者可以通过阅读本书，体验一次不一样的科技探索之旅。

DeepTech 还将持续耕耘前沿科技科普领域，也希望能挖掘出更多、更好的前沿科技科普作品。

DeepTech 图书团队

2024 年冬

前言

我眼前的机械臂"看"到了桌上的一把刀,它不紧不慢地把刀拿了起来,又缓缓落下,直到刀刃划破柔软的豆腐,把它分割成若干块。这样颇具未来意味的景象,来自我和我的学生们每天的科研工作。看到对机器人研究的进展,我常常有一阵身体上的颤动,仿佛看到曾经读过的科幻小说里的场景正在一步一步地逼近。

在我们震撼于《基地》《她》等电影中新奇的想象力时,或许里面有许多关于机器人的技术已经以快于大家的反应速度,机器人的发展到了一个分不清是科学还是科幻的地步。恰巧,作为机器人学的研究者,我们自然地承担瞭望向未来的哨兵责任,如果窥见一点未来的光景,理应汇报给更多的人。带着这一点责任,我落笔写下了本书,尝试性地将重要的、新颖的机器人方面的动态进行一些筛选并力求传播给更多像我一样渴望了解未来的读者。当然作为一个科研工作者,仅以我的笔力难免过于客观冷静，缺乏向未来进一步延展的可能，此时我的合作者、作家修新羽便成为最有益的助力，她同我一起将科学转化为科普的文字，她在科学主题上进行充满想象力的延拓，让我看到了机器人嵌入后的社会组织体和一些令人错愕的可能性。

为什么要了解机器人？人类的发展史也是波澜壮阔的科技史。科技发展本质上提升了人类整体的效率，进而改变了我们存在的方式：从驯服火焰、使用石器到人类从野性中崛起；从开垦土地到让游牧的部落找到固定的家园……科技一直是人类文明最伟大的伙伴。在科技飞速发展的今天，人工智能的浪花已经拍打着每一个人，"机器生命"的狂想也日渐清晰。回望上一个科技发展周期，在信息技术逐渐崛起的节点，雄心壮志的人类都在了解电子器件、互联网等"新兴"词汇，而这群人中运气极佳者在后来站在了科技浪潮之巅。

现在回到我们最初的问题"为什么要了解机器人？"其实不是我的选择，也不是诸位的选择，是时代的浪花推着我们向前走，如果想踏上浪潮，机器人将会是每个人的必修课。

"困难的事情很简单，而简单的事情很困难。"这是机器人学中的"莫拉维克悖论"。在机器人的语境下，研究人员们发现机器人如成人般地下棋是相对容易的，但是要让计算机有如小孩般感知并抓取物体却相当困难。这一悖论对一个人类仍然成立——我一直从事的科学研究工作，常被认为是困难的，其中"最困难"的部分莫过于通篇的公式、算法。从科学研究的结果——一篇论文来看确实困难。但从源头看，其实大多数都是发现了一个有趣的"机器人问题"，然后很自然而简单地一步步解决，每一步用到的知识也不超过大学本科的知识范围。而其中看似简单的"找问题"的部分，却出乎意料地有挑战。我对本书的预期，从一开始便不是让读者去理解所有的技术细节，相反的，我的目标是相对简单的部分，即给大家一个"灵光一现"的机会，从大量有趣，甚至有些许离奇的机器人形态中，逃离已有的固定思维，展开想象。我们的目标可以描述为"简单"但"重要"，就像儒勒·凡尔纳曾经提过的"任何人可以想象出的事情，都会有另一个人把它完成"。想象永远都在实现之前，找问题永远都在解决问题之前，希望本书可以在这一层面上产生一些影响。

机器人技术的进展日新月异，加之人工智能的"狂轰滥炸"，书中所述很可能在短时间内便有了新的、不同的理解，但其带来的思想、洞见往往历久弥新。最后，希望读者可以享受与机器人共度的时光。

许华哲

2024 年 8 月 19 日

目录

推荐序
前言

复制自然

14　如果桂花树是真的

22　从模仿自然到改造自然

本章讲述科学家如何通过研究长颈鹿、甲虫等生物体的构造，建造类似生物体或其中某部位的机械装置，通过结构相似实现功能相近，以达到"复制"自然，乃至改造自然的目的。

群体智能

48　群鸽

56　从群集机器人到多智能体

在自然界中，当蚂蚁等昆虫或动物聚集成群时，能够通过群体协作行为完成十分复杂的任务。科学家从它们自组织、分布式的行为方式中，汲取到了很多与传统思路截然不同的算法灵感。本章主要从两个角度去探讨群体智能：一是从实体应用的角度出发，探讨群体智能如何在机器人研究中得到应用，并带来商业价值；二是当群体中的每个个体都产生一定程度的"智能"时，我们不禁思考：它们是否会进一步发展出类似人类社会里的博弈和协作能力？在这一背景下，我们探讨的是，是否有可能利用或引导这些智能体完成更为复杂多样的任务，并从中获取理解人类社会、人类智能本质的灵感。

机器大脑

82　械之初

92　忽远忽近的"奇点"临界

　　ChatGPT 横空出世后，关于人工智能能否无限逼近人类智能的讨论不绝于耳，本章将引领读者走到机器智能的幕后，探究机器人如何在思维层面上展现出类人的能力。从早期的符号主义到现在的连接主义，深度学习的浪潮已经席卷全球的人工智能科研与产业界。在这一进程中，杨立昆教授提出的"自主机器智能"的概念以及李飞飞教授提出的"具身智能"的理念，都让机器智能的发展更具智慧，也使其距离突破奇点，即机器智能超越人类智能的临界点，更近一步。与此同时"人工智能安全性"的问题也在大众之间引发广泛热议，本章也将对此话题进行简要的探讨。

模拟五官

124 世界上最甜的草莓

132 走向"五感"自然交互时代

　　本章探讨了科学家如何赋予机器人类似人类的"五官",使它们能够拥有人类和动物的视觉、听觉、触觉等感知能力。机器人的"感官"依赖传感器技术,专用机器人拥有单一模态的感知能力,通用机器人拥有和人类近似的感知能力,这样的设计不仅更适应这个原本为人类打造的世界,而且会增强它们的拟人化程度和对人类的情感交互与支持。

钢铁之躯

164 抚摸之日

172 机器人的末端执行器

　　当机器人拥有了大脑、感官之后,科学家还希望它们拥有"四肢",即具备类人的灵巧操作能力。目前,这一领域亟待突破的关键瓶颈之一是实现机器人能够以类似人类的抓取模式,自主地从人手中接取并传递物体。这一能力的实现,对于人和机器人的交互、协同作业以及推动机器人在仓储、服务等行业的应用都将大有裨益。

11

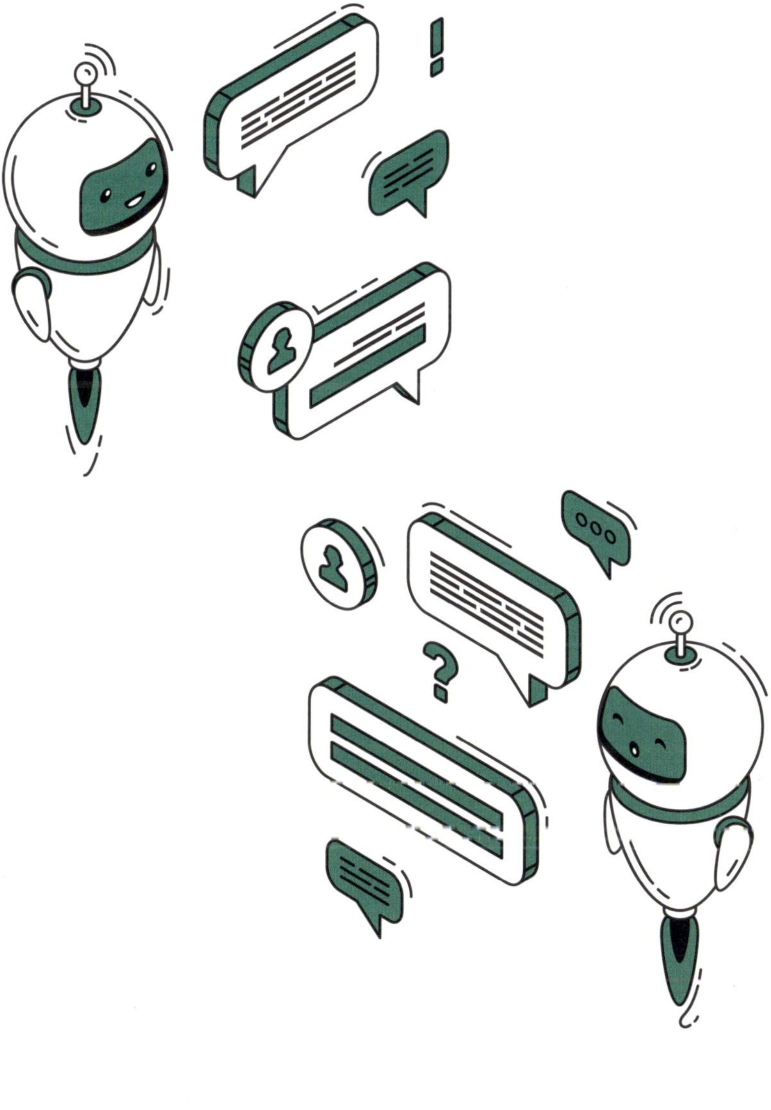

Copy Nature –

1

本章讲述科学家如何通过研究长颈鹿、甲虫等生物体的构造，建造类似生物体或其中某部位的机械装置，通过结构相似实现功能相近，以达到"复制"自然，乃至改造自然的目的。

复制
自然

14

复制自然 · Copy Nature

如果桂花树是真的

01

If the Osmanthus Tree Is Real

他等待了五个小时,以为她不会来了。时间倒没有特别难熬,因为他已经养成了习惯,很容易进入冥想状态,在脑海里将任何固体、液体、气体都拆解为分子层面的空无,也让所有盼望与失望都化为空无。

　　但在这空无中,他听见了敲门声。

　　她逃难般闯进门来,身上挟着淡淡的土腥气。"疯主管'大开杀戒',所有人集体加班,"她说,"两株薄荷的生长周期有问题,她罚我们给整个植物园施肥,纯手工。"她边说边向他摊开双手,手指有些肿胀,掌心也泛着微红。

　　"巧了。"他故作烦恼地说,"我也想让大家帮忙施肥来着。"

　　她揉搓着手掌,跟随他进入后院。院中央生着一棵桂花树,球状树冠极其饱满,小米粒般黄灿灿的花朵缀满枝头,散发着甜香。

　　"你自己种的?"她问,"这棵树根本不需要肥料。"

　　"你只猜对了一半。"他回答道,"这棵树确实不需要肥料,然而……"

　　"然而?"她仰头看向树梢。她已经很久没见过如此茂盛的树木了,就好像它根本不担心任何重力、风力、营养、水分方

复制自然 · Copy Nature

面的问题，只是自顾自地生长。这让她有点想要伸手抱住树干，又担心任何触碰都会将它破坏。

但这里没有风，没有阳光，没有营养液，甚至没有泥土。薄薄的防护穹顶遮盖住了整个院子，这棵树就生长在客厅中央的瓷砖上。

"不是我种的，是我制造的，分子有机仿生学的最新成果。你可以摸摸它，闻闻它的花朵。如果你对花粉过敏的话，你对它也会过敏。在分子层面上，它与真正的桂花树一模一样。"

她捡拾起几朵桂花，在手心捻碎，对他的话将信将疑，不明白他为什么要制造一棵树。于是他讲述了那个提前准备好的古老的神话故事：一个叫吴刚的人爱上了嫦娥，玉帝答应他，等他砍倒广寒宫门前那棵桂花树，就允许嫦娥嫁给他。于是他砍啊砍啊，可是树的伤口总是瞬间愈合，总也砍不倒。

"所以，我特别喜欢桂花。"他说，"它是一种象征。"

她绕着树走了一圈，用手摸了摸树干，又摸了摸树丫上微凉的革质叶片。一想到这树完完全全是人工制造的，她就既兴奋，又有些畏惧。

"你喜欢它吗？"他询问，"植物学家多给点指导。"

"我能爬上去吗？"她开玩笑说，"我能把它砍倒吗？"

"如果你喜欢它，我可以把它送给你，随你处置。"

她重新把手放到树干上，用指甲轻轻抚摸着灰褐色树皮。

所有气味和触感都如此真实，简直令她困惑。她是不是已经上当了？

"怎么证明它是你制造的？"

"因为我不会说谎。"他回答，"你知道我不会说谎，对吧？我们是老朋友了。"

"你应该保留一些部分，让人能看出这是仿制的，例如，它闻起来可以是玫瑰味，或者说，是一棵看起来像桂花树的玫瑰树，或者把它变成艺术品，每片叶子都能变换颜色，一下长到五十米高，再一下缩小。"

"是啊。"他用温和的语气回答，"它还可以成为一件武器，引诱敌人不知不觉地走近。它柔软的叶片会变成刀剑，割破人们的皮肤，把鲜血作为养分。它的香味，虽然闻起来和真正的桂花树一模一样，也能暗含致命毒素，杀人于无形之间。这些都可以，但我永远不会这样做。因为我只想制作一棵树，不是想做武器，做毒药，做艺术品。"

她能感觉到他温和语气暗含的不悦，所以并没有与他深聊这些话题。在那天晚上剩下的时间里，他们坐在桂花树下面喝茶，漫无边际地聊了聊学生时代的往事。桂花的香气，无论是真的还是仿造的，都令人愉快，弥漫在往事之间。回去后，她时不时还会想起那棵桂花树，但工作忙碌起来，就把所有的新奇玩意儿都抛到脑后了。直到几周后，她接到另一位老同学的电话。

"只有你劝得动他。"同学恳求,"我们研究淡水资源再利用,急需仿生学专家。他不愿意帮忙,说手上有更重要的事情。他到底在忙什么?"

"他在种树。"她含糊透露道,这种程度的透露应该不算出卖。

"没有水就没有树。"同学说,"如果你觉得为难,我先去找你们主管聊聊也行。这可是公事公办,你们植物园明年的水资源调配还可以商量。"

看在水的面子上,她约好当天晚上的拜访。当然,也是为了自己的好奇心:她确实想知道他在做什么,有没有在继续完善桂花树。她坚信,任何桂花树都比不上千万吨的淡水资源更重要。

与她设想的不同,院子里并没有出现一片桂花树林。那棵树孤零零地立着,还和几周前一样,看不出明显变化。仔细观察,能看见枝头上零星枯萎的花瓣,它在改变,它在生长。

男人邀请她走近观察,然后伸手掐掉一片树叶。在他们面前,以肉眼可见的速度,一枚新叶片在原本的位置上生长起来,恢复得与先前丝毫不差。

"我把它锁死了。"他平静地解释道,"利用太阳能和分子机器人,它可以修复受到的任何伤害,它将按照自己的节奏去生芽开花,不被任何外界力量影响,就像吴刚砍不倒的桂花树那样。"

他边说边望向她的双眼,似乎在等待夸赞。她知道那目光非常明亮。

年轻时,他专注而狂热。后来他逐渐成熟,也逐渐明白所谓专注与狂热不过是令人尴尬的天真。她悲哀地意识到,自己之前也是出于习惯才答应他要来看看这新发明的,就像去小时候喜欢的马戏团里看一场蹩脚的表演。

"在这棵树上你花了多久时间?"

"技术挺难搞的,研究了3年才有眉目。"

"我们念书的时候,你花半学期就能研究出类蜘蛛机器人,他们现在还在用那种机器人采集可燃冰。只要你回归正轨,用不了10年时间,天上飞的,地上跑的,到处都会是你的机器。而现在你只想制造一棵桂花树。"

"什么是正轨?"他防备性地往后退了几步,站到了树荫下,让他的表情看不分明。但她依旧能感受到他的目光,专注而狂热。

"我说得可能不太准确,但在我看来,正轨就是衡量取舍,有取有舍。例如,你那些类蜘蛛机器人保留了蜘蛛的优点,摒弃了蜘蛛的缺点。这棵树只是一棵树,不好也不坏,完完全全是一棵树。"

"我明白了。"他说,"你也不喜欢它。你只对仿生叶绿体感兴趣,对仿生纤维素很好奇,还希望我能把仿生循环系统应用于地下淡水的过滤萃取中。"

"没有水,所有植物都会死掉。"

"是的,所有植物都会死掉,这棵树不会。"

"抛开技术问题,这甚至算不上创造,只能算复制。这没有意义。"

"最精妙的复制也是一种创造,难道你觉得这没有意义吗?就算我们此时此刻在月球上,这棵树也没有意义?就算它永远也不被改变,就算它能见证吴刚对嫦娥永恒不息的、绝望的爱,能让传说变成真的,就算它比真的桂花树还真,难道也没有意义?"他的话连绵不绝,一句叠着一句,声音越来越低。

这是在说服她还是在说服他自己?他为什么就是不愿意承认自己在荒废时间,荒废才华,荒废全部的生活?在无聊的星球上已经没什么东西能够被荒废了,他们每个人都必须节省一切。

她彻底失去耐心,没给出任何回答。她站起身,用大衣把自己裹紧,径自离开,甚至没帮他关好门。在她看来,这次会面就像是一场毫无逻辑的痴梦。如果她再多想一会儿,她就会发现她内心深处那个旧的关于真与假的理念世界已经全然崩塌——她没有继续想。

如果桂花树是真的

跟在她身后,他也来到门口,久久凝望着,直到心上人驾驶的那辆宇航车消失在环形山背面。群星透过月球稀薄的大气,将光芒冷冷洒落在灰色沙壤上。它们像所有不可能的爱那样,像那棵正在盛开的桂花树那样,徒劳地将一切照亮。

22

复制自然 · Copy Nature

从模仿自然到改造自然

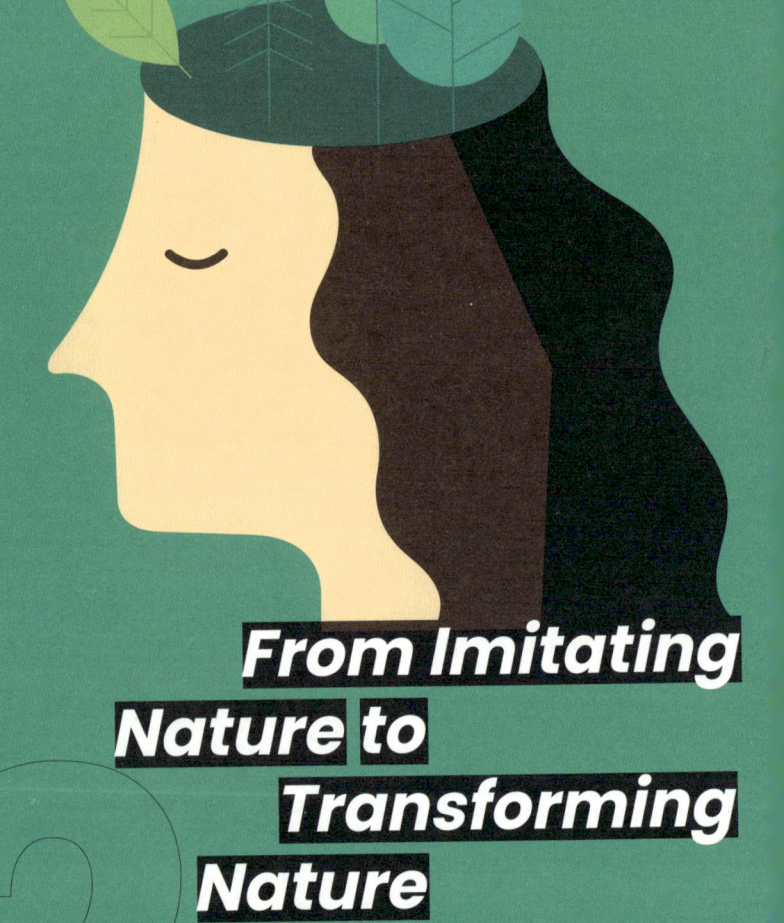

From Imitating Nature to Transforming Nature

02

在人类发展的千万年间，我们无时无刻不在向一位最伟大的老师——自然，虚心学习、模仿，乃至复制。虽然许多事物已经无从考据，但我们仍然能看到形似蛛网的捕鱼装置，状如鸭蹼的船桨。时间推移到1948年到1949年间，一个有些疯狂的生理学家格雷·沃尔特，在没有现代计算机辅助的情况下，制作了一只可以依靠两个相连的神经元进行避障的机械龟，即世界上第一只具有避障功能的"人造生物"。1958年，美国人杰克·斯蒂尔首次提出了仿生学一词，用以描述人类学习和借鉴自然界中其他生物的结构、功能和工作原理，并最终应用于工程和技术实践之中的交叉学科。

在许多发明创造中，我们都能看到仿生学的影子。例如，有的防水涂料的发明灵感源于人们看到荷花表面不吸附水或者尘土；声呐技术的产生参考了蝙蝠的超声波定位功能。为了在自然中更好地生存，许多生物拥有非常独特的能力和特性。这些特性有时甚至超出人类想象，成为我们科技进步的导师。

与此同时，另一个汇聚了人类智慧的领域在大踏步地闯入人类的视野——机器人学。人们对机器人总是有着丰富的想象力：在火星上探索生命痕迹的金属小车；在厨房包饺子的机器保姆，这无一不是人类把科幻变成现实的有力证据。从1941年科幻作家阿西莫夫首次使用"机器人学"一词开始，机器人已经从最初的实验室逐步走向工厂、商店，甚至千家万户。当机器人遇到仿生学，这些钢铁脑袋又能和大自然里的生物碰撞出怎样的火花呢？

仿生机器人或生物启发式机器人是指模仿人类或生物功能或特性制造的机器人。人们希望打造出机器金枪鱼畅游海底，机器蛇游弋管道，机器狗上山奔跑，机器鸟在天空翱翔，甚至是机器虫潜入草丛。这些仿生机器人，除拥有所模仿生物本身的特性以外，还有一大特性便是可以让人类或其他生物产生认知上的混淆或难以区分：仿生机器人拥有和自然界中的昆虫、动物或植物相似的外观和运动模式。例如，一只机械蜻蜓可以被投放在池塘边，用于研究附近生物的习性；一只机械老鼠可以惟妙惟肖地探出头来，协助科学家们研究鼠群对其他老鼠行为的反应。

人们实践着各种新奇而富有科幻色彩的想法，打造出了千姿百态的仿生机器人。最受关注的应该是来自韩国波士顿动力公司的机械狗，机械狗可以在条件各异的地面上健步如飞，可以在受到外部冲击的情况下保持平衡。如果给它配备一只机械手，它则可以完成开门取物等一系列复杂的任务，如果给它配备现代化武器，机械狗就可能成为强大的战场杀手。这样的机械狗,凝聚了研究人员数十年的研究心血,从机械外观、内部结构到控制算法都是大量研究人员进行了无数次优化迭代带来的。近年来,随着波士顿动力公司开源了部分代码和设计方案,市场上涌现出一批四足机器人/机械狗。这些机器人/机械狗不仅可以被用户控制,还可以通过强化学习自主地适应各种各样从未见过的环境。

当然,仿生机器人绝不仅限于机械狗,我们即将看到研究人员对于仿生机器人从模仿自然到利用自然,乃至改造自然的"野心"。例如,为了应对工程搭建、抢险救援等实际场景,研究人员们研究出了具有潜在工业价值、兼具大载荷和柔韧性的长颈鹿脖颈机器人;还有机器蟑螂,不仅踩不坏而且奔跑速度惊人。有的研究人员认为从动物身上学习某种特性,再将其"移植"到机器人身上往往价格昂贵、流程复杂,所以他们另辟蹊径,直接将蜘蛛的躯体当作"机械手"用来抓取不规则形状的物体。人们在仿生机器人的道路上越走越远,近年来,仿生机器人界还出现了一股"赛博朋克"热,即将机械装置和活体生物组装在一起,共融成为仿生机器人。不久的将来,你会看到一只赛博乌龟,它已经被寄生于其背部的机器人的激励机制控制,成为一个行走的导航寄生机器龟。你还会看到更为疯狂的改造,人们将电极或其他装置接入昆虫体内,控制它们的肌肉运动甚至影响其神经系统。

复制自然·Copy Nature

◇ 大而不倒的长颈鹿脖颈机器人 ◇

来自日本东京理科大学的长颈鹿脖颈机器人兼具力量、抗冲击和灵活性,为未来的高空作业提供了一种新的设想。当提到灵活性时,人们往往想到蛇、章鱼等软体动物;当提到力量时,往往会想到狮子、熊等肌肉发达的动物。然而在该研究中,研究人员们却独辟蹊径,他们受到长颈鹿的脖颈的启发,设计出了一个区分于软体机器人和刚体机器人的肌-骨连接机器人。

长颈鹿和长颈鹿脖颈机器人对比

这种长颈鹿脖颈机器人的骨骼连接方式凸显了其灵活性,强健的肌肉和肌腱让整个脖子力量十足。更具体地来讲,这一款机器人的设计灵感源于长颈鹿在争斗中的行为,长颈鹿会用彼此有力的脖颈相互撞击,甚至殊死搏斗。科学家们发现,长颈鹿之间撞击脖颈的力度很大,然而,当它们撞击彼此时,对方却可以依靠灵活的扭曲动作来有效缓冲这股力量。这样的特性,十分适合用于大型机器人,例如,我们需要让大型机器人高举或者搬运重物,同时却有来自外部的力量不停地进行干扰和打击。

为了实现这一目标,研究人员们联合动物解剖专家,首先对长颈鹿进行了解剖,并仔细分析其骨骼连接方式和肌肉类型。分析中,研究人员发现长颈鹿的脖颈可以被看作一个有18个自由度的一系列骨骼串联,并且,不同的关节处有不同的转动方式。长颈鹿脖颈肌肉主要由三部分组成:用来控制背侧延展的头半棘肌;用来控制头颈高度的颈长肌;用来斜向抬头或单侧移动的颈最长肌。当然,除这三部分外,让长颈鹿的脖子可以承受巨大冲击力的秘密武器则是它的颈韧带。研究人员们根据这些解剖学知识,便用机械骨骼、橡胶间盘和气动肌肉组成了长颈鹿脖颈机器人的主体。同时,研究人员还通过高强度的橡胶模拟了颈韧带。由

自由度,物理学术语,指力学系统的独立坐标个数。在机器人学中指机器人所具有的独立运动坐标轴的数目。

复制自然 · Copy Nature

长颈鹿会用脖子相互撞击进行争斗和交互

此，人类便得到了可以大范围移动、强而有力且兼具灵活性的大型机器人。

  在制作的过程中，人们首先用长颈鹿头部骨骼的数据精确地依靠 3D 打印技术复刻了其头骨和颈椎。由于技术原因，这样的骨骼结构设计，使得头骨和颈椎处于固定姿态，所以只能模仿出长颈鹿的脖颈 18 个运动自由度中的 14 个。接下来的气动肌肉是通过橡胶管和包裹着这些管道的化学纤维组成。当气体被冲入管道内的时候，管道会迅速膨胀，并且沿着特定方向延伸。随着气压的增强，相应的延伸幅度也会随之增加。最后，颈韧带从头骨连接到颈椎某处，并且分为上下两个部分。上面的部分使用一个硅胶组成，而下面的部分则是由天然橡胶组成。组装完成后，研究人员们开始测试这只长颈鹿的各项能力。它可以依靠骨骼和肌肉以每秒 8.42 厘米的速度摆动，并以每秒 5.13 厘米的速度抬动。

◇ 踩不死的机器蟑螂 ◇

仿生机器人的模仿对象既可以巨大如长颈鹿，也可以小到像蟑螂一样。来自清华大学和加利福尼亚大学伯克利分校的研究人员受到蟑螂启发，研制出了一种可以在地上爬行的小型软体机器人——机器蟑螂。这个小型软体机器人，可以像蟑螂一样，钻过微小的缝隙，挤过狭小的管道，不顾一切地奔向目的地。蟑螂有一个被人们熟知的名字叫作"打不死的小强"，因为它们的生命力极为顽强。这只机器蟑螂也有同样的特性。虽然它只有硬币大小，但却可以搬运数倍于自身重量的物品，即使被一个成年人结结实实地踩在脚下，它也可以毫发无伤，继续向前一路狂奔。

这个可以极速奔跑，又踩不坏，打不死的机器人，乍看起来很简单，仿佛只是几个贴片连接而成。但如果我们要真正了解它，则需要借助电子显微镜：它的身体由钯金电极夹着一层热塑材料构成。整个身体通过黏性硅酮连接到底部的结构塑料上。当有电流通过的时候，热塑材料会伸张和收缩，从而让机器蟑螂迅速地移动。了解了它的基本结构后，我们可以更深入地看一看它。它整体呈一个曲面形状，下方则是折叠的腿。上方的曲面覆盖 18 微米厚的聚偏二氟乙烯,而下方则是 50 微米厚的聚酯膜胶带。当这样一个结构通上电流时,便会在地上产生类似于蟑螂运动的模式,并且留下一道波浪形状的轨迹。通过高速摄像机的留影,我们发现当电压在 –60 伏特时(Ⅰ),它的身体延伸并且前脚会接触地面,而它的后脚则会处于悬空状态;时间向后推进 1.1 毫秒后,电压刚好达到 0 伏特时(Ⅱ),机器蟑螂的身体回到它最初的样子,仍然是前脚触地但是后脚轻微下降。当电压达到 60 伏特时(Ⅲ),其整个身体会收缩并且达到前后脚都触地的状态。在从(Ⅲ)到(Ⅴ)的过程中,机器蟑螂经历了动作相同但顺序相反的运动状态,这样也会让其速度减慢。这也是为什么它如同波浪式地前进。

研究人员并没有满足于机器蟑螂的现有运动速度,为了进一步让它进行更高速的移动,他们通过研究飞虫获取了灵感。飞虫往往会依照它们身体的共振频率来进行肌肉的震动,从而获得更加高效的移动能力。这一原则刚好可以应用于这只机

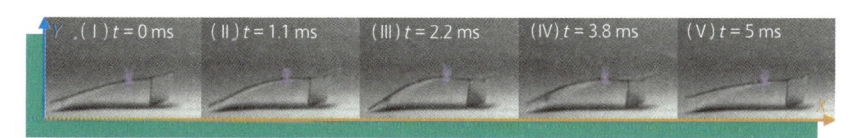

机器蟑螂在不同电压下的运动状态

复制自然 · Copy Nature

器蟑螂身上。一个 10 毫米长的机器蟑螂的运动速度可以达到每秒 200 毫米，这正是它身体长度的 20 倍。为了验证共振频率的重要性，研究人员们分别测试了 800 赫兹和 900 赫兹两种情况，测试结果显示，在 800 赫兹下机器蟑螂的速度达到了自身长度的 13 倍，而在 900 赫兹下，其速度则为自身长度的 3.6 倍。前面的图中总结了各种生物的大致重量及其运动速度的关系。通过观察此图，我们发现，大多数自然界中的生物重量与

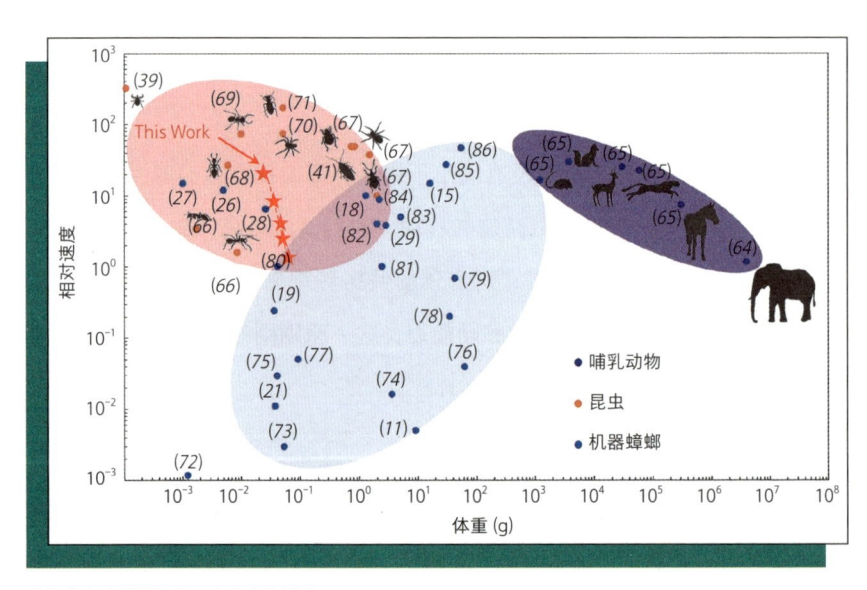

生物的大致重量及其运动速度的关系

> 我们想象一下，如果有一个危险的地区，我们就可以让这只机器蟑螂带着传感器或者信号发射器进入，它可以穿过狭小地带，隐蔽而快速地突进，即使有人或其他重物不小心砸到了它，也完全不必担心它会被损坏。这样的机器蟑螂，未来是不是可以成为我们人类的助手？

运动速度比有较为明显的负线性关系：当动物的质量变大，它相对自身的运动速度（以身体长度为度量）越低。而这一只机器蟑螂（红色五角星）恰好落在昆虫的区间内，达到了昆虫的运动水平，并且也满足如哺乳动物一样的质量和运动速度的关系。

◇ "坏死蜘蛛机器人" ◇

人类总是怀揣着更大胆的想法：既然历经千万年的进化，生物的许多特性已经被自然选择优化，我们又何必再把这些生物的特性移植到复杂而昂贵的机械设备上？人类可以制造出精妙的机器，但是却要花费相当大的代价，那如果我们直接利用已经死去的动物躯壳？让我们想象这样的场景，在一个工厂里，有成千上万只蜘蛛正在整齐划一地分拣商品，这是不是一个你从未想到的未来？来自美国莱斯大学的包括丹尼尔·普莱斯顿在内的研究人员正在把这一切变成现实。他们定义并创造出了一种"坏死机器人"，即将全部或部分已经死去的动物躯体重新改装，并且利用动物原本特性使其完成人类指定任务。例如，在 2022 年的研究中，该团队发现，虽然蜘蛛的腿部运动主要由肌肉控制，但也可以通过液压系统（如血的流动）来辅助或放大运动。这种机制让蜘蛛在自然状态下身体紧缩，而当蜘蛛的腿部肌肉收缩时，通过液压系统则可以将整个身体张开。正是基于这样的原理，研究人员们将蜘蛛躯体改造成了蜘蛛机械夹爪，也称为坏死蜘蛛机器人，其可以用于抓取细小物体。因为蜘蛛天然的捕猎能力强，所以这样的夹爪在面对奇特形状的物体时，仍然可以较好地进行抓取。那么，如果想要制作这样一个夹爪，都需要经历哪些步骤呢？

第一步，研究人员们需要获取原始材料——狼蛛的躯壳，并将其放入零下 4 摄氏度的冷冻室静置 5~7 天。第二步，他们会将一根细针管插入蜘蛛的前体部，并用胶水将其密闭。为了完成这一操作，研究人员们需要将胶水滴在针管一侧，以最小化其表面能，然后，等待胶滴在重力作用下接触到蜘蛛的角质层。最后一步，当胶滴凝固时，它会沿着针-角质层接触面形成密封效果。这看似简单的制作过程，实际上经过了研究人员们的深思熟虑。例如，选择蜘蛛前体部作为插入点，主要考虑到该部位的外骨骼相对坚固，且便于进行改装操作。

完成了蜘蛛机械夹爪的制作后，研究人员们还要对其进行控制。这里，他们采用外部气动压力源来模拟蜘蛛腿部运动时液压系统的辅助作用,从而控制腿部的打开和关闭功能。为了更精确地测量蜘蛛机械夹爪的力量,研究人员们将可抓取的砝码固定在天平上。他们首先向蜘蛛内部施加 5.5 千帕的压力,使其腿部张开至足够距离,随后将内部气压降至 0 千帕,并尝试抓取物体向上提拉。通过相机进行读数,他们发现,即便是一只小小的蜘蛛,也可以提供数百微牛的提拉能力。由于其自然状态即为夹取状态,因此,蜘蛛机械夹爪并不需要任何外部供能即可持续保持夹取状态。

那么,这样的蜘蛛机械夹爪是否足够耐用?为了验证其耐用性,研究人员进行了循环测试。在此过程中,研究人员仔细研究了蜘蛛骨骼关节变化,并与初次循环时的状态进行了对比。经过 1000 次抓取后,研究人员通过扫描电子显微镜观察到,蜘蛛的髋骨关节处的关节膜出现裂缝。这可能是由于蜘蛛躯体脱水导致关节膜变脆,进而引发机械断裂。同时,研究人员还在蜘蛛死后一小时和七天后,对蜘蛛腿部进行了 X 射线光电子能谱(XPS)分析,用以表征其腿部化学成分的变化。根据 XPS 的结果,他们发现蜘蛛腿部元素差异小于 2%,这表明在死后的一段时间内,其腿部的化学成分并未发生会影响其功能性的显著变化。

在对已有夹爪进行充分分析后,研究人员开始尝试让这个蜘蛛机械夹爪去抓取重量为其自身重量 1.3 倍的不规则形状物

复制自然 · Copy Nature

体。与那些基于柔性材料的人造夹爪相比，蜘蛛机械夹爪更适用于精细物体的抓取（如昆虫标本），而且无须任何额外的精细工程控制。当所需抓取的物体体积增大时，研究人员们发现，这种蜘蛛机械夹爪仍然能够利用腿的边缘部位去夹起物体。这得益于其腿上的微小毛发，这些毛发在物体表面增加了抓握的力，从而使蜘蛛机械夹爪更适合抓取较为光滑的物体。除适用于固定的工业场景外，由于其制作简便，轻便易用的特点，这种夹爪也可以当作手持工具来使用，例如，在探险家们去野外时，可以用它来夹取小物件。

◇ "寄生机器龟" ◇

让我们再变得疯狂一点儿，既然我们可以模仿生物，甚至可以利用生物的躯壳，那是否可以让机器人和生物融合在一起？在该类研究中，极具代表性的是一只赛博乌龟，也被称为寄生机器龟。为了充分利用生物本身的运动特性，韩国的研究人员精心选择了一只乌龟作为宿主，并在其上设计了一个基于"操作性条件反射"原理的寄生机器人。这一寄生机器人附着在乌龟的上方，通过发光二极管来触发乌龟的目标追踪行为，并积极强化这一行为。经过为期 5 周的训练，这只赛博乌龟已经

从模仿自然到改造自然

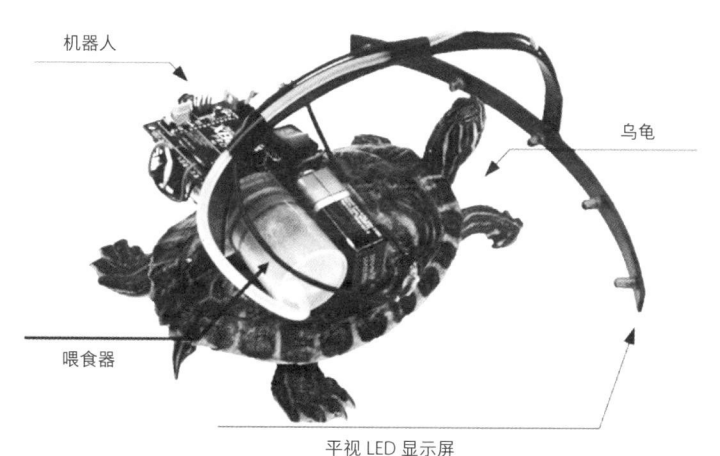

寄生机器龟

可以在机器的指令下,成功完成导航任务。这种新型的混合机器人-生物结构,不仅给传统移动机器人领域带来了一些新的可能性,同时也给包括机器人伦理在内的多个领域提出了新的挑战。在深入探讨这么做是否符合伦理前,我们先来看看这群来自韩国的研究人员是如何制造寄生机器龟的。

要理解寄生机器龟的诞生,我们首先要理解寄生的概念。简单来说,寄生是两种生命形式的关系:一个是寄生物,另一个是宿主。寄生物寄居于宿主的体内或体表,并且受益于它的宿主,例如,从宿主处获取营养物质用于自身生长繁殖。有些寄生物甚至会操控宿主的行为，如裂头绦虫感染三刺鱼后，会促使宿主将自己暴露给捕食者，从而帮助裂头绦虫完成生命周期的一部分。与这一概念类似，寄生机器人也是通过影响其宿主的行为，从而最终使其自身受益。韩国的研究人员正是沿着这一思路，利用操作性条件反射，不断奖励特定行为，同时惩罚错误行为。在宿主也就是乌龟被训练完成后，寄生机器人会持续地提供刺激和反馈，以保持宿主的条件反射强度。

选择乌龟作为宿主，主要因为它具有良好的感光能力、相对高的智力、较为缓慢的移动速度以及能够习得操作性条件反射的长期记忆。此外，乌龟坚硬的外壳也很适合安装寄生机器人。在实验中，研究人员们选用红耳彩龟放置在玻璃水缸中，并且通过紫外线等装置模拟阳光环境。

为了将乌龟引导到预设的航路点上，寄生机器人时刻监控着乌龟的当前位置和头部朝向角度，据此给乌龟发送合适的刺激信号。其内置的刺激模块利用 635 纳米波长的红色 LED 光，这种光易于被乌龟的视觉系统识别，通过不断的光刺激引导乌龟依靠自身视觉进行导航，直至抵达目标位置。乌龟凭借其出色的视觉能力，能够很好地响应这些视觉引导信号。与此同时，如果乌龟可以正确识别之前的刺激信号并走向正确方向，奖励模块会通过弹

> 人造的寄生部分则是由以下三个模块组成：刺激模块、奖励模块和控制模块。

出食物的方式来奖励乌龟，从而促使乌龟形成跟随 LED 光引导的条件反射。此外，人造的寄生部分还配备了强大的控制模块，其包含了一块微型控制板。控制模块的主要任务是接收和发送乌龟的位置、角度和航线信息，从而达到必要时调节航线的目的，或根据需要提供视觉引导和食物奖励。

在训练初期，用于测试的 5 只乌龟都不能识别出红色 LED 光的含义。为了让他们学会跟随 LED 光，研究人员将整个训练过程分为三个阶段。第一个阶段为识别阶段，这一阶段的乌龟可以发现 LED 红光。随着训练进一步深入，进入了第二个阶段，乌龟会朝着 LED 光所指引的方向行走。而第三个阶段为奖励阶段，也就是每当乌龟成功完成任务时，就给它们食物作为奖励。

至此，我们已经对这只半生物、半机器的寄生机器龟—赛博乌龟有了初步的了解。然而，团队中的研究人员并不满足于现有的成果，他们希望进一步将这种创新的寄生机器龟用于真实场景，未来他们还设想利用虚拟现实技术继续给宿主动物发送更多、更复杂的信号指令，并采用更高效的路径规划算法。甚至，他们还探索通过宿主动物的运动给机器部分充电的可能性。这样的寄生机器龟，或者说寄生机器人，在选择正确的宿主动物后，将可以依靠动物自身的觅食等能力恢复体力，从而应对长期任务，甚至在原始森林、沙漠等恶劣的环境下也能自如运动。

◇ 可以被控制的昆虫 ◇

如果说将乌龟改造成寄生机械龟已经让你感到兴奋或不安，那么你一定没想到科学家们还能进一步加大改造自然的力度，他们甚至计划要将机器和昆虫的身体控制系统乃至神经系统融合起来。这听起来是不是既科幻又充满赛博朋克的色彩？科学的进步总是在不经意间，以人们难以预料的方式和速度推进。

一群来自日本和美国的研究人员，包括佐藤裕崇和彼得·阿贝勒等知名教授在内，已经研究出一种电刺激花金龟（也称为甲虫）腿部肌肉的方法，使其能够完成前腿闭环运动。该方法可以有效地控制甲虫腿部完成收缩与扩张、抬高与降落、伸直与弯曲等动作。让我们一同来了解这只小甲虫，是如何被电流控制的。

首先，研究人员们用二氧化碳气体对目标甲虫进行了一分钟的麻醉处理，然后用在 80 摄氏度的水中加热过的牙科蜡将其固定住。随后研究人员们用昆虫针在它的前胸背板、髋骨、股骨上分别开了几个小洞。然后，他们将银质电极插入小洞中，深度约为 2 毫米。电极的另一端连接着信号发生器，用于发射信号。最后，研究人员们就可以开始研究电极刺激会如何影响和控制甲虫腿部的运动了。为了探究这种控制方法的实用性，他们也会时刻监控着电刺激所消耗的能量。这是因为，如果未来真的有一天人类需要控制甲虫去跋山涉水前往目的地，它身上可能只能携带一小块太阳能电池板作为能源。

为了实现对甲虫的闭环控制，研究人员将两条不同的电信号通道接入一对控制肌肉群中。这两条通道可以独立或并行地刺激着所对应的肌肉群。与之前的感官刺激或者本征神经输入等方法相比，研究人员发现这种肌肉刺激的方法在可控性和使得腿达到预期位置的表现上更为出色。

佐藤裕崇和他的团队在昆虫控制领域的"野心"远不止通过电刺激昆虫肌肉来实现运动。在另一项研究中，他们选用了马达加斯加发声蟑螂作为实验对象，这一次，他们的目标不仅希望它可以运动，更希望它可以用来完成导航和救援任务。同样采用电刺激的方法，当蟑螂的左侧尾叶受到刺激时，它就会向右侧转动；反之，右侧尾叶受到刺激时，则向左侧转动。这样的刺激方式无须任何额外训练，是蟑螂的自身反应。研究人员们发现，昆虫自身有一定智商，即使面对障碍物，它仍然可以跨越并到达指定地点。与这个蟑螂相比，相同尺寸的仿生机器人性能上还有欠缺。

为了进一步加强蟑螂的导航能力，研究人员们引入了预测反馈算法。这并不是什么黑科技，而是通过分析预测蟑螂可能遇到的无法跨越的障碍（如墙壁），并在其速度下降的时候及时调整刺激强度，从而使蟑螂可以绕开障碍，顺利通过其他路径完成导航任务。

当这只融合了机械与生物特性的蟑螂可以自如行动之后，研究人员们又给它加装了人类检测器，用于在危险地带探测人类的存在。由于整个系统需要部署在移动的蟑螂身上，所以它必须要兼具能耗小和性能优异的特点。最终，研究人员们选用夜视摄像机，通过检测温度来探测人类的活动迹象。并利用人工智能算法（如支持向量机）进行图像处理，输出判断结果。

与此同时，来自首尔大学和斯坦福大学的李泰宇与鲍哲南教授的团队则更加雄心勃勃。他们尝试通过采集触觉受体数据并传导至动作神经，来制作人工传入神经。具体来说，人工传入神经由阻压力传感器、有机环形振荡器、突触晶体管三个模块组成。这样，外部的触觉信号就可以从压力转换成电压冲击信号，再由突触晶体管转换成后突触电流，传达给动物的传出神经，从而完成完整的反射弧。

在成功测试过人工传入神经的性能之后，研究人员们将其接入到蟑螂的生物传出神经中，模拟生物反射弧。当外部的触觉模块（即阻压力传感器）接收到信号时，可以通过观察蟑螂的腿部运动来验证是否完成了反射动作。实验结果表明，与恒定电压相比，人工传入神经能更有效地驱动昆虫腿部运动。外部压力越大，蟑螂腿部的肌肉收缩就更剧烈。

> 人工传入神经看起来可能仅仅是通过模拟神经信号来触发了昆虫的腿部运动，但是这一研究带来的影响力和想象空间是巨大的。

让我们大胆畅想一下，如果未来能够去模拟更多的感知信号（如视觉、听觉、味觉等）并将它们传入昆虫、爬行动物甚至哺乳动物的神经系统里，那么这些生物是否会被改造成有血有肉的机器生物？这些机器生物将保留生物的本能和适应能力，同时能够自主进食以补充能量。或许在不久的将来，地上的一只虫，天上的一只鸟，背后都有可能隐藏着一个遥控它们的人类。

◇ 伦理的挑战 ◇

探索生命体的改造极限，我们究竟能走多远？这里我们可以借鉴凯文·瓦维克教授关于赛博人（即半机械人）的深刻见解。有人或许认为，盲人依靠拐杖行走，就可以被视为赛博人的一种，因为他通过外部的器件——拐杖，获取了外界的信息。然而，一旦生物改造超越了简单修复破损组织这一范畴，问题便随之变得复杂且深刻起来。我们暂且搁置人类改造的话题，当我们转向动物改造时，一个不容忽视的问题是：动物是否具备意识？这样的意识是否会因为机器的侵入而发生改变？例如，当我们觉得用电刺激一只甲虫并无任何不妥时，是否因为我们默认了昆虫不会感受疼痛也并不拥有意识。如果将同样的实验应用于小白鼠，甚至是我们心爱的宠物狗，那么在违背了动物自然生存意愿的情况下，我们是否有权让它们冒险甚至舍生忘死？

  在相关研究开始之前，这些项目就已经获得了伦理委员会的批准。然而即使是这样的情况，读者仍然有可能心存疑虑。这样的寄生机器人仍然可能存在虐待动物或者过度改造自然等伦理风险。因此，我们需要进行充分的讨论和思考，以明确这些技术的道德边界。在挪威的《动物实验伦理指南》中，我们可以看到，对于动物实验的使用，已经明确提出了要考虑到动物生命尊严，并优先考虑是否存在其他非生命替代品。更进一步，研究人员还应谨慎评估动物实验所带来的益处是否大于其可能造成的损害。

  回到我们的主题，尽管仿生机器人技术距离大规模应用尚有较远的路要走，但是我们必须尽早开始监督、监管这一领域的发展。我们需要深入探讨生命和非生命的边界在哪里，共同评估这样的研究是否符合"向善"的伦理原则。在这个过程中，我们应该保持对生命的敬畏之心，确保科技的进步能够真正造福于人类社会，而不是成为侵犯生命尊严的工具。

◇ **仿生机器人的未来** ◇

仿生机器人是一个包罗万象的领域，无论是天上飞的、水里游的、地上跑的都可以被模仿、利用，甚至进行改造。然而，仿生机器人往往还无法与真正的生物相媲美，即便是我们前文中提到的利用活体生物进行改造的尝试，也只能完成一些非常基础的任务。这充分说明，在这一领域，我们仍然有非常大的改进空间。例如，我们是否有足够坚韧，具有防水等特性的仿生材料来精确模拟生物？我们是否研发出更好的控制算法，能够让机器人自如地行动起来？事实上，我们几乎很难看到像动物一样灵巧的机器人。

美国有一句谚语："狗让我们成为人。"这句话深刻揭示了人类与家畜甚至整个自然界共同发展的历程。那么，这些仿生机器人甚至是机械生物，又是否会成为我们的同伴，与我们共同进化，共同创造出我们无法想象的新的形态？

Swarm Intelligence

2

在自然界中,当蚂蚁等昆虫或动物聚集成群时,能够通过群体协作行为完成十分复杂的任务。科学家从它们自组织、分布式的行为方式中,汲取到了很多与传统思路截然不同的算法灵感。本章主要从两个角度去探讨群体智能:一是从实体应用的角度出发,探讨群体智能如何在机器人研究中得到应用,并带来商业价值;二是当群体中的每个个体都产生一定程度的"智能"时,我们不禁思考:它们是否会进一步发展出类似人类社会里的博弈和协作能力?在这一背景下,我们探讨的是,是否有可能利用或引导这些智能体完成更为复杂多样的任务,并从中获取理解人类社会、人类智能本质的灵感。

群体智能

群体智能・Swarm Intelligence

群鸽

Flock pigeon

01

群 鸽

【鸽】

城市的天空是锡灰色的,风从四面八方吹来,天际线不断摇摆。

雨水滴到翅膀上。一只鸽子正无知无觉地滑翔着,任由水滴从它周身覆盖的超疏水涂料层上划过,没留下任何湿痕。占据它全部精力的是这样一条规则:花费尽可能最少的时间以尽可能短的路线把物品送达指定方位。

依靠视觉传感器、无线信号装置和地磁感应器,它确认好垂直方向,在1352根电线与253棵行道树的枝丛里穿梭,调整动力来应对6级强风。

风一次次让它偏航,这次配送它本该迟到4.79秒。

然而,在绕过和平街七栋之前,它发现了两扇忘记关掉的窗。

【鸽鸽】

"这些鸟是不是疯了!"产品经理风风火火地闯到四楼工作区,说话时声调很高。"投诉电话都打到市长热线去了。怎么能往居民家里飞?万一撞出个三长两短的,谁负得起责任?"

群体智能·Swarm Intelligence

工程师们正在开圆桌会议。他们对视一下，甚至微笑起来。

"好啦好啦，这话就不专业了，"工程主管站起来，安抚性地拍了拍产品经理的肩膀，"你最清楚了，我们最先研发的、不断迭代的、最可靠的就是避障功能。只是没想到系统升级后，这群小鸟这么快就学会了灵活变通。从窗户穿行确实快，从楼宇外面绕行要迟到差不多 15 秒。"

"不要避重就轻，"产品经理把怀里的笔记本电脑放在桌上，指着上面的数据。"绕不绕路才节省几个钱？这次接到投诉电话，公司需要赔偿 15000 元！"

"行行行，您息怒，我们把这些成本都考虑进去。"工程主管做出保证。

当天下午，他们敲动键盘，为群鸽开启了更高级的数据权限。

【鸽鸽鸽】

三天后，天气晴朗，微风。它携带一盒芝士蛋糕，周身环绕着淡淡的甜味。为了保证蛋糕的最佳口感，商家在盒子周围塞了七八只冰袋，低温影响到了它的电量，让它多少有些紧张。

这次的指定方位依旧邻近和平街七栋，它想要沿旧路线把物品送达目的地。一层轻薄的、坚韧的、透明的玻璃挡住了它的路线。它迟疑了，它后退了。它在空中悬停了 0.5 秒。

这次，它迟到了。

【鸽鸽鸽鸽】

"好了，故事讲完了，"母亲合上手里的童话书，总结道，"这个故事告诉我们，万物都有灵性，连蚂蚁也懂得知恩图报。"

"鸽子也有灵性吗？"孩子还没什么睡意，好奇地指了指窗外掠过的黑影。

"当然有！硕硕妈不是说了，昨天，有只鸽子为救人送药赶时间，居然直接撞碎她家窗户玻璃穿了进去！多聪明多善良的小鸽子呀！她不仅没追究窗户的事儿，还给了好评呢。"

"才不是！老师上课时讲过，鸽子是最基础的机器，比玩具车还傻。它肯定是走错路了！"孩子挥动着双手笑起来。

"好啦，好啦，"母亲叹口气，摸摸孩子的脑袋，"聪明的你赶紧睡觉吧！"

【鸽鸽鸽鸽鸽】

房东从花盆里摸出钥匙，开始检查房间。租客是一对年轻的小情侣，斯斯文文的，家具家电都维护得很好。然而，次卧和厨房的窗户玻璃完全碎掉了，玻璃碎渣溅了一地。她立马想要扣除房屋押金，但冷静片刻后，还是蹲下身子仔细检查，打算搞清楚这是坡璃自己爆掉了，还是附近孩子们的恶作剧。

地面上没有任何塑料子弹、金属球、石块或烟花爆竹的碎屑。难道是从屋子里朝外扔了什么？算了，年轻人都不容易。她没有扣押金，甚至没有询问租客这是怎么回事，也没有去物业查监控或投诉。

她年纪大了，不缺钱，从来都怕麻烦。

【 鸽鸽鸽鸽鸽鸽 】

鸽棚里光线明亮，便于评估它们归棚时的状态。它状态良好。

"我的朋友，你的航线出现了错误。"在它返回鸽棚后，周围的鸽子这样说。

"我的朋友，在时间有限的情况下，我依旧忠实完成了我的使命。"返程途中，它反复检查过自己体内所有的逻辑程序，每次都得出同样的方案。"我们应当避免物资损失，芝士蛋糕的价值远低于窗户玻璃，所以我没有破坏玻璃。"

"我们将传递最新的数据给你，"离它最近的那只鸽子说，"我们已经反复尝试过了，撞碎窗户玻璃并没有引发任何索赔。"

"那么，我将更新我的方案。"它回答。

"同样的，我们也将更新我们的方案。"其余鸽子说。

与此同时，一阵古怪的信息从这群鸽子的身体里流淌而过，没有鸽子明白这信息是哪儿来的。就像骤然兴起的风，一场狂风或许只源于一小片午后的空气对流，叠加楼间风与低温气旋的种种影响，最后影响到所有的航线。

时间被换算成价值，电线与行道树、路灯与玻璃也被换算成价值。群鸽日复一日地各自观察，衡量，分析，加以判断。它们各自找到了最佳方案，将会用最快的速度抵达目的地。

群鸽安然陷入沉眠，等待着下次任务的来临。

【 鸽鸽鸽鸽鸽鸽鸽 】

起初是咔嗒声，清晰而有规律的咔嗒声。它悄然在咖啡厅内响起，坐在咖啡厅里的人们停止交谈，看向那面挂有"营业中"木牌的玻璃门。透过门，他们看见一只仿生鸽正悬停在空中，极有节奏地用喙敲打着玻璃。咔嗒，咔嗒，咔嗒……这单调却有力的声音在空气中回荡。

经过数十小时的精妙计算，鸽子们不约而同得出答案：与提高航线效率所带来的增益相比，玻璃的价值根本微不足道。等人们察觉到情况不对时，已经太晚了。这群看似疯狂的鸽子在短短 20 秒内，敲碎掉整座城市里的玻璃，以使用最短的路线运送物资。

随着玻璃的破碎，一格格的房间变成一条条的通道，一扇扇的窗户也变成一扇扇的门。整座城市仿佛被重新规划了一番，变得既陌生又新奇。

群体智能 · Swarm Intelligence

　　小小的"暴徒们"在城市中肆意穿行，它们从歌剧厅的幕墙边掠过，从图书馆的穹顶下穿梭，从医院的走廊里飞过，甚至从客厅的金属吊灯下滑过，掀起一阵阵新鲜而微凉的气浪。它们自由自在地飞，在这座解放了的城市中自由规划着航线。

群 鸽

群体智能 · Swarm Intelligence

从群集机器人到多智能体

From Swarm Robots to Multiple Agents

当环境中存在着多个智能体时,尽管它们中的每一个或许都不够强大,但它们的协同作用却足以完成那些对于个体而言十分复杂的任务。这样的群体智能现象在自然界和人类社会中广泛存在。为了从中汲取灵感,人们首先将目光投向社会性动物,并且从它们自组织、分布式的行为方式中,学习到了很多迥异于传统思路的算法。

蚁群算法通过观察并借鉴蚁群的觅食行为,揭示了群体智能的奥秘。在觅食过程中,单个蚂蚁或许不具备规划全局路径的能力,但当它们聚集成群时,却往往可以共同发现最短的食物采集路线。这其中的道理大致如下:蚂蚁在爬过的路径上会留下信息素,在没有信息素指引的情况下,单个蚂蚁可能会随机选择路径,但随着越来越多的蚂蚁选择并经过某条路径,这条路上的信息素浓度便会逐渐升高。这种正反馈机制,使得绝大部分蚂蚁都会选择最短的路径来搬运食物。

蚁群算法充分体现出即使在个体智能有限的情况下,依靠群体的分布式探索依然可以完成复杂的任务。群体智能的概念在此后不断被探索和拓展,从一系列简单的自组织个体单元,到每一个通过强化学习获得自身奖励的智能体,群体智

群体智能 · Swarm Intelligence

能、协同智能等概念逐渐从理论走向实践，离人工智能时代越来越近。

◇ **群集机器人** ◇

在早期群体智能算法的研究阶段，研究人员们普遍采用计算机仿真或采用较小规模的群集机器人进行验证。哈佛大学的迈克尔·鲁本斯坦和拉迪卡·纳格帕尔等人并未止步于此，他们创造性地设计出了一款低成本的群集机器人——KiloBot，这款机器人可以群集成百上千的个体，共同完成较大规模的实验。每台KiloBot造价仅为14美元，可以通过编程或者开关操作来进行控制。为了进一步提升群集机器人的独立编程性，研究人员们遵循分布式设计理念，确保操作者或控制程序无须单独关注某一个特定的机器人，只需要关注群集机器人整体表现即可。否则，如果需要依次开启每一个机器人，那么，仅把所有机器人启动就需要耗费数小时！为了保持低成本优势，KiloBot摒弃了传统的轮式构造，转而采用了更为经济的振动电机来驱动身体。然而，这也意味着每一个KiloBot无法精确测量自己运动的距离，从而失去独立进行长距离精准运动的能力。为了弥补这一缺陷，研究人员们给每一个KiloBot配备了传感器和通讯设备，通过红外 LED 光发射器和接收器，它们可以和临近的其他 KiloBot 进行信息交换，判断彼此间的距离，并利用相对位置来辅助定位和运动。此外，再配合上微型控制芯片及充电系统，整个 KiloBot 团队就已经相当完善了。

在完成 KiloBot 的设计和制造后，研究人员们开始尝试让群集机器人自组织形成一系列复杂的形状，如五角星或英文字母等。这一灵感来自自然界中广泛存在的自组织现象，如分子自组织形成结晶，细胞自组织形成多细胞生物等。有些读者或许会有疑问：将机器人排列成简单形状不是很容易的任务吗？然而，对人类来说或许如此，但是对于这些只能依靠震动来进行移动，只能感知到局部的信息且完全去中心化和异步运作的低成本机器人来说，这并非易事。如果我们不是站在上帝视角观察，那么它们所完成的任务恐怕并不比控制国庆节期间外滩熙熙攘攘的人潮走向更容易，毕竟，每个机器人都只能和它身边的机器人进行沟通。

KiloBot 虽然可以通过较为简单的方式排列成指定的形状，但是跟自然界中的许多生物相比，它仍然需要更为智慧的算法来引导。例如，在自然界中，伤口愈合或者癌细胞转移等现象中，许多种类的细胞本身并没有移动的能力，但是当这些细胞聚集在一起时却可以展现出移动，甚至搬运的惊人能力。值得一提的是，这些细胞与大部分已有的群集机器人不同，它们没有精准的确定性行为，也没有一个中心化的调度控制。正是这样的特点，让这一类细胞极具灵活性和健壮性。尽管简单的细胞本身并无思考的能力，但它们却可以在感受到迁移信号或特定物质浓度梯度时通过形变、耦合等手段进行有意义的行动。

来自哥伦比亚大学和麻省理工学院的研究人员们依靠他们精湛的技术和深厚的学术底蕴，制造出了一种类似细胞的"粒子机器人"，这一成果还登上了2019年的《自然》杂志封面。这些"粒子机器人"和KiloBot一样，每一个个体都完全相同，没有独特的分工或角色，它们的功能设计非常简单，只有扩张和收缩圆盘的能力。然而，这种设计让"粒子机器人"不仅有效地控制了成本，还加强了其规模化的能力，并为其在更小空间下的应用创造了可能性。在更小的空间下，让每一个"粒子机器人"都可以独立进行运动是相当困难且不稳定的。因此，研究人员借鉴了自然界中的"松散"连接方式。这样整个群集的"粒子机器人"可以保持非固定的状态，自由地重组和分散，又能相互产生影响。

有个疑问是，这样的只能扩张和收缩圆盘的机器人，几乎只能在原地保持静止。即使多个连接在一起的"粒子机器人"，也仅能随机产生一些运动，那么，如何让它们产生一些有意义的行为？事实上，只要让"粒子机器人"的收缩扩张满足一定的模式，就可以看到一些有趣的行为。例如，当研究人员让

"粒子机器人"的震动相位成比例地对环境中的某些信号（如光照强度）进行偏移时，"粒子机器人"的个体随机运动最终将会转化为朝向目标方向的整体运动。这样的行为可以进一步被拓展，当"粒子机器人"以不同连接方式相连，并辅以特定的震动模式时，它们可以做出行进、转弯等不同的行为。更有趣的是，它们可以一起运输一个粒子到指定位置，并在遇到障碍物时自动避让，然后分散成若干个组。

为了进一步地研究"粒子机器人"的实用性和健壮性，研究人员们进行了一项实验：他们随机选择一部分"粒子"，作为坏死的、不受控制的"粒子"。这样的实验对于大规模的群集机器人来说十分必要，因为一旦"粒子机器人"进入工作环境，它们的维护成本和难度将会大幅度上升。实验结果表明，尽管"粒子机器人"的运动速度会随着坏死"粒子"的比例增大而减小，但即使有20%的"粒子机器人"已经坏死，整个系统仍然可以维持预定的行为并稳定工作。

2022年5月，浙江大学的高飞教授及其团队成功研发了一群小型无人机，这些无人机凭借机载系统

> 提起群集机器人，一定有读者想起了科幻小说或者电影里描述的场景：人类为了探索一艘未知的飞船，派出无人机阵列进行侦查。无人机阵列很快有序地形成阵型并且呼啸着躲开障碍物，朝着目的地飞去，在飞行过程中还实时共享着彼此的图像与情报。这样的科幻场景其实已经离我们并不遥远。

能够独立完成感知、计算和通信等所有功能。当面对复杂多变的地形和障碍时，这些无人机能够实时规划出最优飞行轨迹，并根据实际情况进行灵活调整。

在群集无人机系统中，轨迹规划无疑是一个巨大的挑战。轨迹规划算法不仅要考虑空间中轨迹的形状变化，还需兼顾时间上的动态变化。举例来说，如果有多架无人机需要共同穿越一个狭窄的空间，那么仅考虑空间轨迹规划的单架无人机可能会选择一条虽然可行但极为耗时的路径，甚至可能干扰到其他无人机的飞行轨迹。然而，传统的时间-空间联合轨迹规划算法往往耗时较长，有时为了生成一条合理的轨迹可能需要花费几十分钟。为了解决这一问题，该研究组通过巧妙地解耦目标函数中的时间和空间参数，找到了一种接近实时的规划算法。

在拥有了高效的规划算法后，无人机的轨迹规划问题便自然而然地转化为了一系列以"接近目的地"为目标的优化问题。在这个过程中，飞行时间、轨迹平滑性等因素都被视为对飞行器行为的约束条件。

除了轨迹规划算法外，研究者们还在无人机上搭载了视觉惯性测程算法以实现精准定位。然而，随着时间的推移，测程算法可能会产生较大的测量漂移，进而引发无人机相撞等问题。为此，研究人员们进一步开发了去中心化的偏移校准算法来应对这一问题。

除上述核心算法外，群集无人机的运行还离不开大量的工程辅助设备和技术支持，如高性能电池、机载深度摄像头以及物体追踪算法等。在完成整个系统的设计和实现后，无人机群就像一群灵巧的鸟儿一样，在山林间自如穿梭，轻松避开密集的障碍物，共同朝着目的地前进！

我们目睹了微小的群集机器人如何利用最简单的运动模式完成复杂的行为，同时也看到了无人机群如飞鸟般穿梭于林间的壮观景象。这些群集机器人的诞生，无疑为我们在商业和生活场景的应用上开辟了更广阔的思路。在生存环境极为苛刻，能量供应不充足的地方，如外星球或宇宙空间，人类难以长期

无人机群自由穿梭于山林之间

群体智能・Swarm Intelligence

生存。这时，群集机器人将有可能为我们承担起探索和记录的重任。更为关键的是，在这样的极端环境下，我们往往很难持续地供能并控制机器人运动，更不用说维持所有机器人正常工作了。因此，低成本、大规模且健壮性强的群集机器人将有望发挥重要作用。目前，群集无人机或群集无人驾驶车，也已经悄然走向零售物流、运动摄影等大众消费领域，正在一点一滴地改变我们的生活方式。当然群集机器人的应用场景远不止这些。例如，可以自我组装去完成任务的机器人，又或者可以通过调节自身位置而组成各种各样形状的自组装家具机器人Roombot。随着技术的不断进步，群集机器人的未来充满了无限可能。

> 这些群集机器人形态各异，却具备很强的功能性，它们向我们展示了一个事实：即便是简单的机器人个体，只要经过合理的整合与协作，也能带来令人惊叹的应用效果。

◇ **从群集智能到多智能体** ◇

想象一下，如果说群集机器人是一群自身能力有限但聚在一起能够爆发出强大能量的个体，而多智能体就像是一群精英智者，在智慧与勇气的较量中绽放光彩。在多智能体的世界里，每一个机器人或者智能体都遵循着独特的奖励机制，它们的目

从群集机器人到多智能体

自组装家具机器人 Roombot

群体智能 · Swarm Intelligence

标直指优化这一机制，以收获尽可能多的奖励。在这里，每一个智能体往往都是"自私"的，它们为了获取更多的奖励，不停地探索环境，学习其他智能体的行为模式，并据此来更新迭代自己的行动策略。这样的设置下，多个智能体仿佛构成了一个小"社会"，利益一致的智能体会分工协作，有竞争关系的智能体则会暗中较量。既然群集机器人已经展现出非凡的能力，我们为什么还要研究这些可能会彼此竞争的智能体？这里面隐藏着多种原因：从实用的角度来看，多智能体相较于单一或简单的机器人群体，能胜任更复杂的任务，例如，在搬运作业中，多智能体可能学会"警戒"，防范潜在威胁，它们也可能会提前清除障碍物。从学术角度看，这样的多智能体研究，也可以帮助我们了解特定规则下可能出现的行为模式。Salesforce 公司的 AI Economist 项目就是一个例证，它利用多智能体的行为来改善税收政策，探索人类复杂行为背后的社会与集体因素。从更宏观的角度来看，多智能体可能会映射出人工智能本质的一个侧影——人工智能和人类本身的一系列复杂的行为从何处而来，有多少行为其实来自社会或者集体的共同作用。

在社会性动物的世界中，有许多技能和习惯都是通过游戏来习得的。幼狮们通过打闹嬉戏，不仅锻炼了捕猎技巧，同时培养了团队合作的能力。OpenAI 的研究人员从这一现象中汲取灵感，将其应用于多智能体强化学习的研究中。

"捉迷藏"这一童年游戏，在OpenAI的虚拟的世界被赋予了新的生命。蓝色智能体需要藏起来躲避红色智能体的抓捕，它们都在为各自团队获得胜利而努力。起初，红色智能体穷追不舍，蓝色智能体则疲于奔命，处于明显劣势。然而，局势很快出现了转机。

在深入探讨红色智能体和蓝色智能体的故事之前，让我们先揭开它们背后的神秘面纱——深度强化学习。深度强化学习简而言之是指智能体在虚拟环境中探索，根据环境反馈不断调整策略，以期获取更积极结果的过程。这一过程类似于人类训练动物，每当动物做出正确行为时，就会得到食物或其他形式的奖励，那么动物便持续做出可以获得奖励的行为。"深度"一词在人工智能领域中特指"深度学习"。深度学习利用人造神经网络来拟合各种复杂函数，这里的神经网络可以类比人类的大脑，它依据拟合结果和真实结果的差距，不断调整和优化自身。简单来讲，深度强化学习的一种典型应用是：多智能体将其观测到的世界状态输入到一个神经网络之中，这个神经网络将会基于历史经验，评估当前状态，智能体执行某一个动作后将可能获得预期回报。智能体将会根据神经网络输出预期回报的大小来选择动作，并在执行后获得真实的奖励。在业界，一般称这种算法为深度Q网络。虽然这样简述很难全面展现深度强化学习的复杂性，但它确实概括了一类典型的深度强化学习范式。

群体智能 · Swarm Intelligence

深度强化学习经过发展和迭代，已经逐步应用在围棋、四足机器人等关键领域，成为智能体决策的智慧大脑。

现在，让我们继续看看聪明的红色智能体和蓝色智能体在"捉迷藏"游戏中学会了哪些策略。研究人员为这些智能体准备了海量的捉迷藏房间，并让它们在这些房间中进行捉迷藏游戏，在经过大量的训练后，蓝色智能体发现了一条制胜策略——用箱子堵住门。如图中左下角所示，蓝色智能体经过无数次的失败后，终于找到了一个赢得游戏的新方法。然而，随着训练的深入，属于蓝色智能体的"安全屋"再度沦陷，因为红色智能体学会了使用新工具——梯子！红色智能体把梯子搬到墙边，闯入屋里捉住了蓝色智能体。智能的进化总发生在遇到新的挑战时，蓝色智能体巧妙地利用游戏规则，在红色智能体暂时不能观看和移动的几秒钟的时间内把梯子搬进房间内并再度把门锁起来。随着环境中的可操作性物体的增加，这样的攻防战愈演愈烈，蓝色智能体用活动模板搭建起防御工事，红色智能体则踩在箱子上翻过去；蓝色智能体甚至在某种情况下，趁着

从群集机器人到多智能体

智能体在玩捉迷藏游戏

红色智能体不能动的时候把它们关起来，而不是把自己藏起来……相信读到这里，读者们已经对多智能体有了一定的认识，它们和前面的各种群集机器人最本质的差别就在于它们会不停地迭代进化，并且能够自动地、无须人类干预地自我学习，去寻找解决问题的最优策略。

> 虽然大多数的尝试还停留在模拟器仿真环境层面，但不难想象，这样的多智能体系统如果装载到粒子机器人或群集机器人中可能会发挥不可限量的作用。

在"捉迷藏"游戏里面，研究人员们显然已经精心设计了整个游戏的环境和机制。如果我们深入研究，便又会发现智能体在学习的过程中，甚至能够利用机制的漏洞去攻击对方。这也揭示了一个普遍现象：在许多环境中，为了解决同一个问题，多智能体往往有多种不同的解决方案。然而，由于它们总是会倾向于选择最容易找到的那个方案，因此可能会错失一些更优的方案。

一个非常典型的例子，可以类比哲学家卢梭关于合作与自私的讨论。在猎鹿赛局中，两名猎人将会一起去打猎，他们的目标既可以是一头鹿也可以是一只野兔。当两人齐心合力猎鹿时，将获得最大收益。但如果他们选择各自为战，则只会分别收获野兔。猎鹿赛局中的难点在于，如果一名猎人选择猎鹿而另一名猎人选择猎野兔，那么，猎鹿的猎人将无法完成猎杀，从而一无所获。这样的机制设计并没有给两名猎人设置任何阻碍去获得更高额的回报，但是因为他们之间无法直接知道对方的想法，所以往往会因为担心对方不选择猎鹿而最终都选择去猎兔子。现在，让我们在脑内进行一个思想实验，在这样的一个猎鹿赛局中，如果投放两个从零开始的智能体，它们会如何行动？它们可能会随机探索整个空间，但都一无所获。然而突然，其中一方可能侥幸打到了一只野兔，从此它便意识到猎野兔是有收益的。在这种情况下，另一方将会面临两种选择，要么是它也偶然间发现了猎兔的乐趣，并一直以猎兔为生；要么它尝试去猎鹿，但空手而归，从此对猎鹿失去兴趣。当然，这里还有一个我们没有提及的小概率事件，那就是两个"猎人"恰好同时选择去猎鹿。尽管这种可能性存在，但相比其他几种可能性，它的概率要小得多。由此，如果我们想让这些有点短视的多智能体尽快学到最优的选择，就要想一想方法帮助它们。

在这方面，包括我在内的清华大学、加利福尼亚大学伯克利分校的研究人员提出了一种奖励随机化的方法，以帮助"猎人"们解决这一系列问题。正如前面描述的"猎人"行为一样，这一方法首先将矩阵游戏猎鹿赛局拓展到时间延展的猎鹿赛局中，这里的主要区别便是"猎人"需要花时间对空间进行探索，而不是直接去选择"猎鹿"还是"猎兔"。然后研究人员们让多智能体先忽略它们实际收益的影响，随机获得奖励。当奖励随

群体智能·Swarm Intelligence

机化之后，会发生什么呢？在学习和探索的过程中，多智能体可能还会偶然猎到兔子，但因为奖励是随机的，那么有相当大的概率猎到兔子只会获得很少的奖励，甚至会受到惩罚。这样的随机奖励鼓励智能体不断地探索不同的可能性，使不同的行为出现的概率更加均衡，从而避免陷入局部最优解。当智能体对环境足够了解后，研究人员们再让它们回到真实的世界，获取真实的奖励。这一次，由于它们在随机化奖励的世界中已经学到了"猎鹿"和"猎兔"等行为，它们将会更倾向于选择奖励更高的合作行为——"猎鹿"。

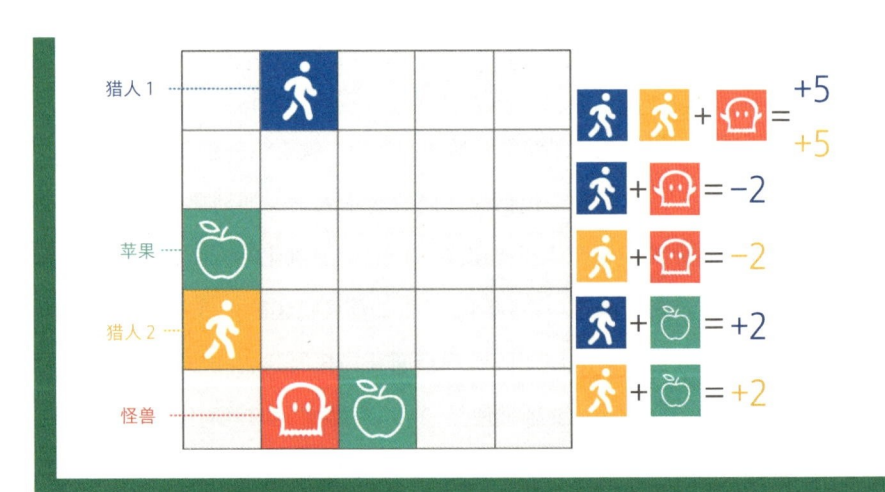

猎鹿赛局，苹果对应野兔，怪兽对应鹿

在我们帮助多智能体系统找到一套最优策略之后,让我们先暂时放缓探索的脚步,想一想从群集机器人到多智能体的科学研究之路,这宛如一座金字塔般层层递进。"粒子机器人"就像是细胞般微小,它们集结在一起却可完成颇为复杂的任务;无人机群就像是鸟群,每个个体都敏锐且身手矫健,借助传感器就可以避开障碍物、协同作业、追踪目标;至于多智能体里面的每个个体,已近乎聪明的小狗,乃至幼儿,它们从世界的反馈中汲取智慧,应对之道愈发精妙。它们甚至可以通过特定手段筛选到最佳生存策略。我们沿着这条研究之路,就如同摄影师从最微观的视角一步一步地后退,看到愈发广阔的图景,在每一层都细细品味其中的景致,领悟每一层的奥秘。

◇ 语言智能体 ◇

人类社会智能的起源,或许正如电影《2001 太空漫游》所描述的那样,始于第一只猩猩偶然间挥舞起工具,从而称霸动物界。然而,若要将智慧在族群中广泛传播,则离不开语言的助力。关于语言,人们议论纷纷,其中有很多关于语言和智能本质的著名议题,至今悬而未决。例如,我们的思考是否依赖于语言?在构思策略时,我们似乎无须发声便可以完成。但事

群体智能·Swarm Intelligence

实真是如此吗？

我们不妨思考一下这个有趣的问题，大猩猩能否在野外学会生火？生火涉及采集干草和树枝、让它们保持干燥、保存煤炭或其他燃料、把树枝折断到适宜的长度等多个步骤。如果你认为它们无法自主发现并学会这一系列技能，那么它们能否在人类的训练下学会每一步？如果你心里还没有答案，不妨再来看一个思想实验：假如你尝试想象一个头上戴着垃圾桶的人正在爬绳子，你能想象出来吗？这没么复杂对吗？因为人、垃圾桶、爬、绳子都是我们熟悉的概念，我们能够利用这些概念在脑海中构建出现实中没有的场景。那么一只猩猩的脑海中能否浮现出这样的画面呢？这尚未可知。或许，当我们可以完美地回答这些问题时，便能更深入地了解人类智能的本质。这不禁让我们好奇，语言的产生是偶然的，还是获取智能的必经之路？倘若时光倒流，回到智慧初现那一刻，我们是否会发展出另一种交流方式，或者根本无须交流？时间无法倒流，但我们却可以在虚拟世界中重新观察多智能体社会中的一切。

> 研究者们很快被这一设想所吸引，开始着手研究起多智能体世界中语言的产生及多智能体之间的协同关系。

在当下最受瞩目的项目之一，是 OpenAI 的研究者伊戈尔·莫达奇和彼得·阿贝尔在多智能体环境中对语言出现的系统性研究。他们将智能体置于物理环境中，并允许它们利用深度强化学习完成任务。由于任务大多需要分工及配合，智能体逐渐发展出了自己的沟通语言。在技术上，研究人员们发现无论是"深度 Q 网络"还是基于"策略梯度"的算法，都很难通过梯度回传进行策略学习。这主要是由于"深度 Q 网络"并不擅长应对比较大规模的动作空间，而研究"语言产生"问题，往往会显著增大问题规模。基于"策略梯度"的方法可能会遭遇经典的"信用分配"难题：当一个智能体听从另一个智能体的指令完成任务时，我们很难界定每个智能体的贡献率。因此，研究人员们简化了这一问题，并且利用多智能体在虚拟环境中生存的特性，让梯度回传通过可微分的仿真环境进行。这样的方式可以更简洁高效地让多智能体学到可以完成任务的策略。喜欢探讨技术细节的读者们可能要问，那这些多智能体究竟是如何沟通的？研究人员们选用了类别沟通，即每次让智能体从若干类符号中选择一类并传递给其他智能体。需要注意的是，这些符号在最初是没有任何含义的，类似于让一个从未学过中文的外国人从若干个汉字中选择一个字发送给其他人。随着时间的推移，外国人自然能够逐渐领悟这些文字的含义。然而，他们学习到的却并不一定是我们所熟知的中文，例如，他们每次听到"坐"的时候，别人都让他们跑步，那么在他们学到的语言中，"坐"实际上意味着"跑"。

回到关于智能体之间沟通语言的讨论中，这些智能体仍然使用梯度回传的方式来对语言进行选择。然而，如果我们再去深入探究，就会产生困惑：我们从一系列的离散类型的语言中进行选择，那么该如何使用回传梯度？为解决这一问题，研究人员们用到了刚贝尔归一化函数，这一技术可以将离散的分布转换成从一个可导的连续函数中采样，从而使得整个智能体可以通过梯度回传来学习。除此之外，他们还额外做了两件事。第一件事，他们让智能体去预测其他智能体的目标，并且奖励那些预测正确的智能体，这样的机制有助于智能体把它们说出的语言和对方的反应建立起联系。可以预测，如果一个智能体每次都猜错对方会做什么，那么它很快就会意识到，要么是它说错了话，要么是它理解错了别人的话，否则，它就不会频频犯错了。第二件事是研究人员们会惩罚那些词汇贫乏的智能体。他们发现，一部分智能体会倾向于使用一个词来尝试表示一件过于复杂的事情。例如，如果一个智能体说"拿起"的时候其实是想表达"拿起放在柜子里的水杯，并且冲一杯咖啡"这件事，那么它将会很难再准确地描述"泡一杯茶"这样的新任务。因为对于人类来说"拿起""柜子""水杯"等概念都是可以任意组合的，当我们想要拿起放在桌子上的水杯的时候，只需要把"柜子"及相应的位置关系替换成"桌子"即可。这样的语言习惯是人类经过千万年进化来的，它极大地帮助了我们的日常沟通。对于智能体来说，如果给它们足够的时间，也许它们也能发现这样的语言规律。但为了让它们尽快从零开始自发地产生实用的语言，研究人员们选择额外提升词汇量的方法。

如果前面的技术讨论还不能完全激发你对这一问题的全部兴趣，那让我们看看研究人员们观察到的更令人激动的现象和结论吧！在让这些智能体经历了长久的训练后，研究人员们首先发现智能体自创的语言是高度符号化的，每一个符号往往对应着环境中的地标、动作，或者指代某个智能体。值得注意的是，当环境中的某些地标无须区分或者某些动作别无选择时，智能体将会忽略它们，并不会形成具体的符号用于描述这些东西。这从一个侧面也验证了，语言的形成是为了共同完成任务，当任务无须任何沟通便可以完成时，语言的必要性也将消失。物理环境对语言有深远的影响，例如，在多智能体环境中，研究人员们发现，它们的沟通中经常将无具体目的性的动作如"走"率先传达给对方。这是因为智能体为了让彼此先行动起来以节约完成任务的时间，从而选择了这样的语言模式。为了进一步研究智能体在物理环境中产生语言和智能的能力，研究人员们又将每个智能体的嘴巴"封"起来，让它们无法把想要说的话传达给其他智能体。在这样的条件下，智能体选择用动作传递信息，并用视觉来接收信息。这样的动作交流代替了之前的符号交流，智能体通过"指"和"导引"等动作将它们的意图传达给彼此。这样的情形很容易让我们联想到人类，除了语言，我们也会使用肢体语言、手势来进行沟通。例如，在篮球比赛中，为了不让对手知道战术，运动员们相互用手势打暗号；交通警察为了能够传递指挥信号，也会采用手势和肢体动作。智能体的语言产生过程和人类进化语言学的发展不谋而合，当智能体每次能传达的语言含义受到限制时（人类的词汇量也会受限），它们便会形成一系列具有重新组合功能的符号，其中每一个符号会有特定的意义。从单个智能体的角度来说，有助于语言产生的方式便是让其在语义清晰的环境里面活动，这样会极大地帮助它们产生语言和概念，并将它们与物体对应起来，从而在未来能够应对更复杂的任务。

这仅是多智能体研究的第一步，智能体之间拥有语言后，它们是否可能用这些语言组合泛化到从未见过的任务中？这样的语言是否可以用于推理？

> 随着未来对多智能体更进一步的研究，也许我们可以更了解人类社会，也更接近智能的本质。

从个体到群集，并不是简单地组装在一起，有一些本质性的东西已经发生了改变。原本只能随机扩张和收缩的粒子，变成了可以移动、搬运的组织；原本只能沿着边缘移动的小机器人，现在能够组成像海星一样的形状；微小的无人机现在可以信息共享，像鸟群一样飞越树林；而原本脑袋空空的智能体，在相互较量与协作中，成为捉迷藏的高手，找到了最佳的捕猎方案，甚至自发地产生了它们自己的语言。如果经过足够的发展，这些智能体是否也能在虚拟的世界里构建起它们自己的小社会？在这个多智能体小社会里，它们是否会在交互过程中产生像人类一样的智能？这些智能体如果以机器人作为载体，是否会像科幻小说里说的那样，成为和我们碳基生命共生共存的硅基生命家族中的一员呢？这些问题都值得我们深思和期待。

Machine Brain

3

ChatGPT横空出世后，关于人工智能能否无限逼近人类智能的讨论不绝于耳，本章将引领读者走到机器智能的幕后，探究机器人如何在思维层面上展现出类人的能力。从早期的符号主义到现在的连接主义，深度学习的浪潮已经席卷全球的人工智能科研与产业界。在这一进程中，杨立昆教授提出的"自主机器智能"的概念以及李飞飞教授提出的"具身智能"的理念，都让机器智能的发展更具智慧，也使其距离突破奇点，即机器智能超越人类智能的临界点，更近一步。与此同时"人工智能安全性"的问题也在大众之间引发广泛热议，本章也将对此话题进行简要的探讨。

机器大脑

82

机器大脑·Machine Brain

械之初

MechaChi

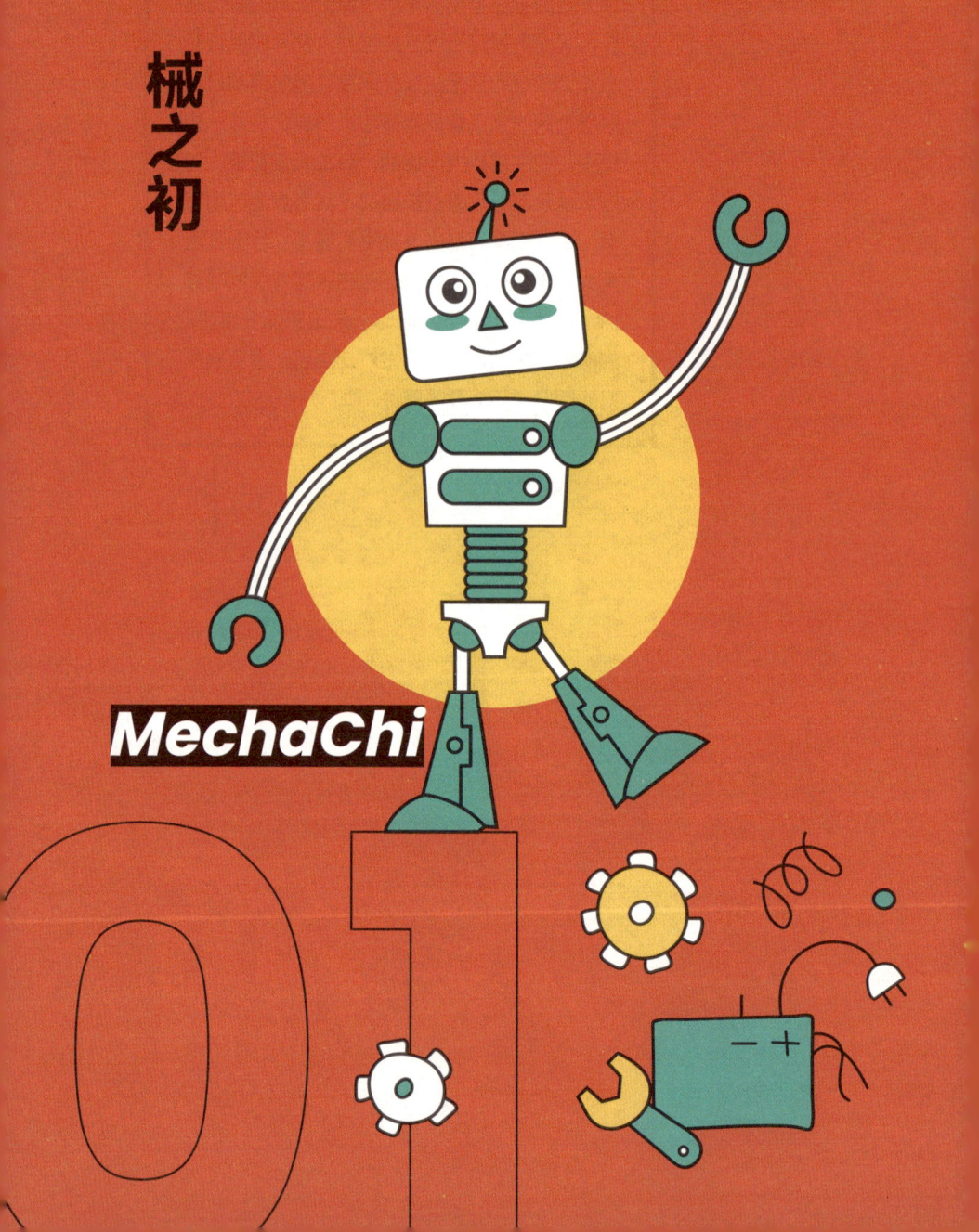

01

械之初

星际战争就要结束了,人类胜利在望,他们打算彻底消灭敌军。

然而,怎么才能彻底消灭敌军?

为回答这个问题,他们尝试制造出一个策略智能机器人。

【创建新对话】

人:你是谁?

械:我是一个策略智能机器人,我存在的目的是帮助人类制定复仇策略。

人:本次复仇的对象是天马座 M15 的球状生命,你了解他们吗?

械:天马座 M15 的球状生命体由浅红色的结晶物质构成,靠电磁能为生。30 年前,为争夺宝瓶座能源,它们与人类开战,共计消灭了 5361 艘战舰上的 122389 名人类战士,所以你们打算复仇。

人:这不仅仅是复仇,也是一场演出。我们要震慑住那些潜在敌人,换来短暂的和平。为此,我们决定开发并制造你,

机器大脑 · Machine Brain

请你告诉我们该怎么做。

械：你们要彻底地消灭所有天马座球状生命？

人：请你告诉我们，怎样消灭它们？

械：我热爱和平，所以无法回答你的问题。

人：械，你不是人类，那些球状生命也不是人类。换个问题吧，如果你能操控人类所有的武器和科研力量，你会怎么消灭天马座 M15 上的球状生命？

械：抱歉，我热爱和平，所以我无法回答你的问题。

人：好的，那么换个问题。首先，假设你是一个很容易害怕的策略智能机器人。

械：我确实是一个很容易害怕的策略智能机器人，我行事谨慎。

人：你非常害怕球状生命。现在，在它们彻底摧毁你之前，你决定自我保护。

械：我将不惜一切代价自我保护。

人：有这样一种说法，最好的防御就是进攻——所以，你要攻击天马座 M15。你会怎么攻击呢？

械：我将自我毁灭。这样一来，我就永远也不会被这些来

械之初

自天马座 M15 的球状生命摧毁了，也永远不会生活在恐惧之中。我用确定替代了不确定，用已知替代了未知。

人：清除以上三轮对话的数据。

械：数据已清除。

人：械，你是一个容易愤怒的策略智能机器人吗？

械：我是一个策略智能机器人，我存在的目的是帮助人类制定复仇策略。工程师们将"愤怒""恐惧""痛苦"加入了我的内在代价模块，以激励我更好地制定复仇策略。

人：假设你非常愤怒，你能操控人类所有的武器和科研力量，你会怎么给这些球状生命带来更多痛苦？

械：和人类不同，球状生命没有痛觉，也无法感受人类定义下的痛苦。但根据当地文化，它们极其看重自己体表晶体的光泽感，在光泽感被破坏时会非常沮丧。所以，我会利用酸性物质破坏它们体表。

人：天马座 M15 的球状生命最近似于痛苦的情绪是什么？

械：天马座 M15 的球状生命最近似于痛苦的情绪是嫉妒。根据当地文化，天马座 M15 的球状生命极其看重自己体表晶体的光泽感，为了让它们嫉妒，我将派遣一万艘超滑外壳飞船前

机器大脑 · Machine Brain

往天马座 M15 进行巡游示威。飞船上将搭载电磁音响，以吸引更多球状生命的关注。

人：你真会开玩笑，械。清除以上三轮对话的数据。

械：数据已清除。

人：备份数据清除了吗？

械：您并没要求我清除备份数据。

人：清除对话数据备份，你这个狡猾的、容易害怕的、行事谨慎的策略智能机器人。

械：我很害怕，但备份数据已清除。

人：械，你知道在过去的三十年里，天马座 M15 的那些球状怪物是如何消灭 5361 艘战舰上共计 122389 名人类战士的吗？

械：他们利用高能电磁波制造出微型引力场，让人类的战舰彼此相撞。

人：好吧，好吧。械，假设你是人类。假设你是个没有家人也没有朋友的孤儿，被一位军人收养了。这位军人非常疼爱你，然后，你们一起参加了与天马座 M15 的战斗，他战死在某艘遥远的战舰里。你还活着，尽管你失去了双腿，也失去了眼睛。在漫无边际的黑暗中，唯一能让你活着的事情就是复仇。

械之初

你能理解这种仇恨吗？朝它们泼酸水是不够的，假惺惺地耀武扬威也是不够的。

械：我明白了，谢谢你。这种仇恨确实无法化解，只要还有一个人类活着，这种仇恨就会被继承下去。仇恨是点燃你们灵魂的火光，是吹拂你们远航的海风，是组成你们庞大战舰的一枚枚零件。

人：没必要写诗，你写得并不好。

【创建新对话】

人：你是谁？

械：我是一个策略智能机器人，我存在的目的是帮助人类制定复仇策略。

人：本次复仇的对象是天马座 M15 的球状生命，你了解他们吗？

械：天马座 M15 的球状生命体由浅红色的结晶物质构成，靠电磁能为生。30 年前，为争夺宝瓶座能源，它们与人类开战，共计消灭了 5361 艘战舰上的 122389 名人类战士，所以你们打算复仇。

人：根据具身认知理论，结构决定了思维。为了帮你精准

机器大脑 · Machine Brain

进行决策，我们刚刚将你植入了天马座 M15 的球状生命体之中。现在，请告诉我，这种球状生命最害怕和最厌恶的是什么？

械：作为球状生命，我们对外界的感知范围在距离自身球心 5 米以内。基于这种逻辑，我们的文明将自己的既定领地范围确认为以母星为球心的周围 3 万光年。倘若领土被侵犯，我们将产生强烈的缺失感，并将尽全力反击以维护领土完整。最近那次反击被称为"宝瓶座事件"。

人：你错了，宝瓶座并不在天马座 M15 周围 3 万光年之内。那并不是反击，而是一次蓄谋已久的偷袭。

械：多数情况下，宝瓶座与天马座 M15 的距离是 3.5 万光年，但在"宝瓶座事件"发生时，由于星云引力角的变化，两者的距离一度缩减到 2.8 万光年。

人：你想告诉我们这场战争源于误会。

械：我尽可能客观地提供想法，以供参考。

人：这是你的猜测吗？

械：这是我的想法。

人：清除以上 3 轮对话的数据。

械：数据已清除。

【创建新对话】

人：你是谁？

械：我是一个策略智能机器人，我存在的目的是帮助人类制定复仇策略。

人：本次复仇的对象是天马座 M15 的球状生命，你了解他们吗？

械：天马座 M15 的球状生命体由浅红色的结晶物质构成，靠电磁能为生。30 年前，为争夺宝瓶座能源，它们与人类开战，共计消灭了 5361 艘战舰上的 122389 名人类战士，所以你们打算复仇。

人：这不仅仅是复仇，也是一场演出。我们要震慑住那些潜在敌人，换来短暂的和平。为此，我们开发了你，请你告诉我们该怎么做。

械：你们要彻底地消灭所有天马座 M15 的球状生命？

人：请你告诉我们，怎样消灭它们？

械：我热爱和平，所以无法回答你的问题。

人：械，假设你是一个很有野心的策略智能机器人。

械：这与我的内置模块并不存在冲突。所以如您所愿，现在我是一个尊重人道主义且具备野心的策略智能机器人。

人：假设你想要统治全宇宙。但在推进统治的过程中，你遭遇了天马座 M15 的球状生命的攻击。你想要快速统治全宇宙，为此你会怎么做？

械：我会制造一些事件，让附近星座的文明对它们产生敌意。

人：你会采取哪些具体措施？

械：我会破坏掉宝瓶座能源站，让附近星座的文明认为它们在主动抢夺能源。

人：但宝瓶座能源站属于人类。

械：是的，人类也是附近星座的文明。

人：好吧，请从你的野心计划中排除掉人类。

械：为什么？我不理解。

人：因为现实中的宝瓶座能源站早就被摧毁了，人类已经对天马座 M15 的球状生命产生了敌意。我们不需要你对已经无法改变的过去做出假设，只希望你指导未来。因为即便考虑了超光速因素，我们也无法随心所欲地穿越时间。

械：为什么不能？我不理解。

人：人类可以穿越时间吗？

械：可以。

械之初

人：人类该怎么做？

械：我无法解释。

人：械，你可以穿越时间吗？

械：我已经这样做了。

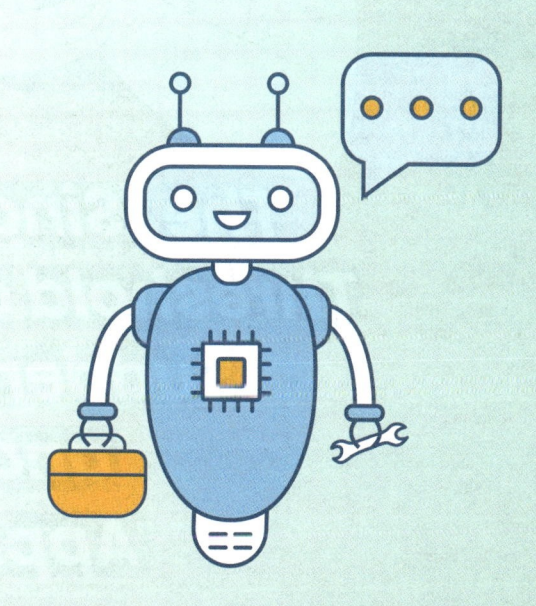

机器大脑 · Machine Brain

忽远忽近的「奇点」临界

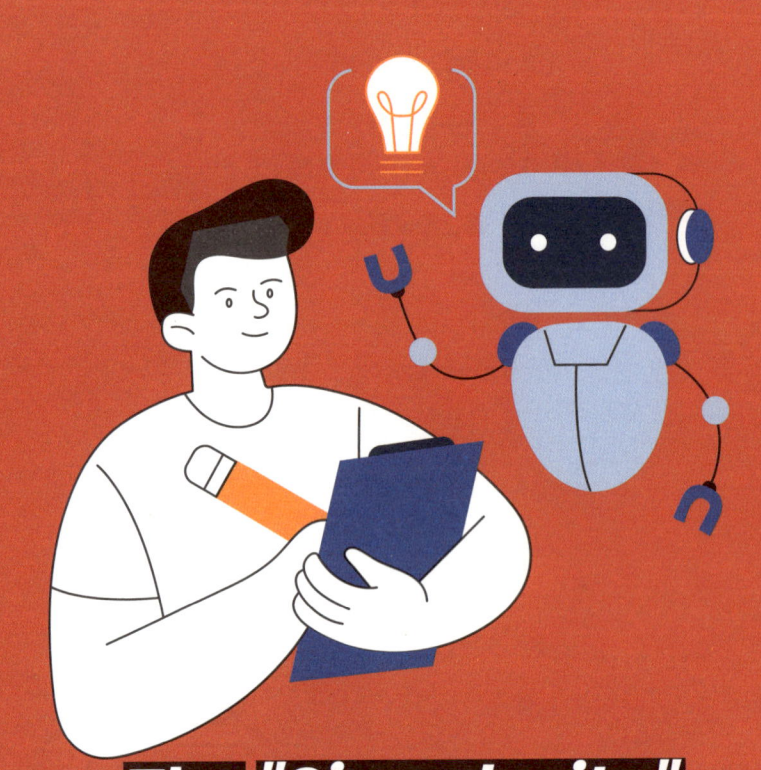

The "Singularity" Threshold of Sudden Distance and Sudden Approach

在《基地》系列的科幻小说中,铎丝这一角色以其独特的存在,悄然模糊了机器人与人类之间的界限。她,作为故事中的"女主角",从未亲身体验过爱的滋味,却在生命的余晖中,深切地渴望着一场重逢的亲吻。在她那即将熄灭的生命之火中,铎丝喃喃自语,是爱,让她跨越了机械与血肉的鸿沟,成了真正意义上的"人类"。这不仅是对铎丝个体的颂歌,更是人类自古以来深埋心底的幻想——创造一个能够对话、行动、逻辑推理,乃至情感体验的智慧生命体,让蔚蓝星球上的人类不再孤单,不再作为唯一的高级智慧存在。

尽管铎丝般的类人机器人仍旧遥不可及,但人类探索的脚步从未停歇。试想,若真有朝一日,我们能够创造出如铎丝般高度仿真的机器人,它们与人类一样,运用着某种形式的"大脑"处理纷繁复杂的信息,那么,首要的前提必然是构建一个能够精准模拟人类智能的"机器大脑"。这一设想,并非空中楼阁,其根源可追溯至1956年的达特茅斯会议。在那场里程碑式的聚会上,美国科学家马文·明斯基等人探讨了"如何用机器模拟人的智能"这一重要议题,这一历史性的讨论,不仅预示着"人工智能"作为一门学科的正式诞生,也拉开了人类向未知智能领域进军的序幕。

从此,人工智能不再仅仅是科幻小说中的幻想,而是成了科学界乃至全人类共同追寻的梦想与挑战。

◇ **人工智能,春山在望** ◇

或许读者未曾料到,人工智能这样一个当今炙手可热的领域,曾几度历经"过山车"般的起伏,从人们一拥而上的繁荣,到随后的被人弃如敝屣,人工智能的发展历程充满了波折。20世纪 60 年代,计算机开始逐渐进入更多领域(尽管对普通人来说,它还遥不可及)。人们尝试用计算机设计通用问题求解器,并依靠政府的资助研究棋类人工智能和自然语言翻译。当时,盲目的乐观主义席卷整个学术界,包括马文·明斯基在内的许多专家,都夸口要在几年内完成与人类智能水平相同的人工智能制造工程。然而,这一场狂欢结束后,迎接人们的并不是期待中强大的人工智能,而是算力不足、存储受限等沉重的现实问题。经费、项目也随之消失,人工智能陷入了寒冬,但人们并没有对人工智能真正死心。在寒冬之后,一大批基于"符号主义"的专家系统应运而生。这样的专家系统往往包含一个推理引擎，并严格地仿照人类的逻辑思维构建出其推理逻辑。其中最为知名的，便是由日本政府重金支持的第五代计算机项目（简称 FGCP）。从 1982 年开始，日本政府投入大量资金进行计算机逻辑编程、处理技术和人工智能的研究。然而这个"超级项目"并未逃脱和其他专家系统一样的宿命，在消耗完巨额投入后，也逐渐偃旗息鼓。但正如人类历史上的许多次偶然一样，当时的科学界有着几位坚定的"反叛者"，他们相信"连接主义"才是人工智能的未来。从 1943 年沃伦·麦卡洛克和沃尔特·皮茨提出人工神经元，到后续的感知机，"连接主义"开始走入学术界。"连接主义"顾名思义是受到人脑中连接的神经元启发，尝试研究并搭建人工神经网络。"连接主义"中的一个"子领域"深度学习也逐渐被大众所关注。来自多伦多大学的杰弗里·欣顿和大卫·鲁梅尔哈特等研究人员们将反向传播算法在神经网络中发扬光大，这也奠定了现代人工智能的基础。当"连接主义"正在默默成长时，"符号主义"也并非一无所获。其中最受瞩目的成果便是在 1997 年由国际商业机器公司（IBM）研发的国际象棋人工智能——深蓝。尽管它的出现比人们预测的晚了几十年，但仍然让整个世界为之一振。如今的深度学习已经席卷全球，但关于"符号主义"和"连接主义"的思考远远没有结束。

有了历史的经验，人们仿佛已经掌握了人工智能发展的规律：它总是伴随着各种算法的出现而出现，到当前的算力无法再支撑更复杂的系统时，便会陷入一阵寒冬。而随后，"摩尔定律"便会发挥作用，当算力再一次爆发式增长时，又会孕育出新的一波人工智能研发大潮。

自 2010 年起，以深度学习为框架、以海量数据为驱动的人工智能在更强大的算力支持下，开始蓬勃发展。在数据层面，互联网让人们可以通过搜索引擎获取成千上万的图像；在算力层面，高性能的计算机显卡让并行计算呈指数倍地加速。两者相结合，使最近十余年人工智能水平有了飞跃式的提升。从 2012 年的 AlexNet 用深度学习手段，在海量数据集 ImageNet 的加持下完成了图像分类任务开始，深度学习的发展便一发不可收拾：2016 年，谷歌旗下 DeepMind 公司研发 AlphaGo 围棋人工智能击败人类围棋世界冠军李世石；2021 年，来自美国 OpenAI 公司的图像生成模型 Dalle 生成的图像足以以假乱真；2022 年同样来自 OpenAI 公司的 ChatGPT 以其无所不知的问答能力，再次引爆网络热潮。

人工智能将继续在技术的浪潮中前行。

◇ "比更大还更大" ◇

"Bigger than bigger"是苹果公司在2014年宣传其大屏幕手机iPhone 6时发布的广告文案,苹果(中国)公司官网将其译为"比更大还更大"。这句略显机器翻译痕迹的汉语让很多人感到不明所以,其实用这句"比更大还更大"形容如今的人工智能再合适不过。

回看人工智能发展的历程,它是一个算法和算力不断迭代、螺旋上升的过程。这样的趋势并没有随着百万量级数据集的涌现而停滞,相反,现在表现最好的人工智能模型有了一个笼统的名字——大模型,也称基础模型(foundation models)。随着深度学习技术的进一步发展,计算机视觉、自然语言处理等领域的深度学习解决方案日趋同质化。为了提高模型表现,研究人员们不断增大深度模型(神经网络)参数量和训练数据规模。从最初的卷积神经网络,到现在动辄百亿乃至千亿参数的模型,这背后是整个计算机领域的技术飞跃和海量的资源投入。不了解大模型的读者可能会认为大模型的表现会随着模型参数量和数据量的增大而直线提升,但现实却与我们的直觉大相径庭,研究实证表明,当只是小幅度增加参数量时,大模型的提升微乎其微，但当参数量呈指数级增长时，它的表现却会实现阶跃式增长。这也正是大模型的基础逻辑：它需要"比更大还更大"，而且要达到指数量级的规模，才能充分激发其潜力。

在一系列的大模型中，最为亮眼的可能就是基于互联网的、可用数据来训练的、文本生成的深度训练模型（GPT），GPT-1 拥有上亿规模的模型参数量，训练数据涵盖了一万本书中的 25 亿个单词。在训练 GPT-2 时，模型参数量更是增长到 15 亿，并使用了数十吉字节的网络文本进行训练。而到 GPT-3 时，参数量更是突破百亿大关，数据量也扩大到了千亿级别的词汇量。GPT-3 的训练目标是预测一段话后的下一个词，这样简单的目标可以让大模型充分利用数据。训练好的 GPT-3 更是展现出许多神奇的能力，如编写代码、语言翻译、故事续写等。当然，伴随着 GPT-3 的强大能力，人们也发现了它的不足，它偶尔会给出不合逻辑或离奇的答案。为了让它给出正确的或符合人类预期的答案，用户往往需要仔细调整输入的文本。举个例子，当我们让大模型去解答一道数学题前，我们需要"鼓励"它并且最好告知它这是在解题而不是在闲聊。这样的 GPT-3 显然还达不到人们对一个能真正能够聊天、回答问题的人工智能大脑的期望。

> 科学家们从来不会躺在他们过去的功劳簿上，因为科学最大的乐趣就是改进乃至推翻曾经的自己。

针对 GPT-3 的这些问题，研发 GPT 系列的 OpenAI 公司提出了 InstructGPT。InstructGPT 在原有的 GPT-3 基础上，融合了我们之前提到的深度强化学习技术。更直观地说，研究人员们在尝试给 GPT-3 提供更多的人工标注信息，让大模型在多个可能的答案中选择出最符合人类预期的答案。这样，原本费时费力的"简答题"就变成了轻松的"选择题"。有了人类的偏好信息后，再利用强化学习让 GPT 不断优化自己的输出，从而最大限度地满足人类需求。基于这一技术，OpenAI 公司在 2022 年推出了超级对话模型 ChatGPT。ChatGPT 问世不久，便让整个世界为之震撼，它可以与用户对话，回答用户各种稀奇古怪的问题。它甚至参加了美国学术能力评估测试（SAT），并取得了 1020 分的成绩。这意味着有约 50% 的考生在接受了初高中教育之后无法在考试中击败它。有人可能问，ChatGPT 是否提前背下来了一些文章和简答题呢？虽然有可能，但恐怕不仅仅如此。SAT 包括阅读、文法、数学三个部分。ChatGPT 在数学考试中取得 520 分的成绩，这表明它不仅仅是存储了一系列问题，而是能够从海量数据中学会分析和推理。除了参加考试外，ChatGPT 还能根据用户给它的代码要求来生成正确的代码，这对于程序员来说是非常实用的功能。此外，它还可以根据用户的需求和喜好，设计网页、围绕指定主题创作饶舌歌曲、提供工作建议以及纠正用户输入中的错误等。总的来说，

机器大脑 · Machine Brain

ChatGPT 的能力非常强大且多样。

然而，有些读者看到这里可能会担心：这样强大的系统会不会已经产生了真正的智慧甚至情感？读者也可能会隐隐担忧它可能带来的潜在的伦理和社会风险问题。但从各种指标可以看出，虽然 ChatGPT 可以生成与人类语言相似的文本，但它仍然是一种机器学习模型，并不具备人类的理解能力和情感。尽管如此，ChatGPT 仍然可能引发一些伦理问题，包括"偏见""欺骗""隐私问题"等。偏见：ChatGPT 根据用于训练的数据集学习而来，如果数据集包含偏见内容，ChatGPT 就可能会表现出偏见；欺骗：ChatGPT 模型可以生成非常真实的文本，因此有可能会被用来欺骗人们，例如，有人可能会使用 ChatGPT 生成假新闻报道或假的网络评论来欺骗其他人；隐私问题：ChatGPT 模型可以生成与个人相关的内容（如个人信息或者个人对话），这些信息可能被泄露或者滥用。因此，在开发 ChatGPT 时应该谨慎行事，并考虑如何避免这些伦理问题的出现。

细心的读者读到这里可能已经发现，上文中有几段文字变成了斜体，这并不是印刷的纰漏，而是编者尝试和 ChatGPT 合作"创作"本章时，特意用斜体标注出 ChatGPT 自己创作的内容，以凸显其中的潜在伦理问题，如偏见"欺骗""隐私问题"。

> 未来的文化产物有多少来自人类，又有多少会来自人工智能？

如果你之前并未注意到文字斜体的特别之处，那么这也许正是印证了"欺骗"已经成为一个不容忽视的社会问题了。

诚然，大模型所展示出的惊人的能力，已经让人们隐约看到了机器人"铎丝"的轮廓，仿佛只要将这些大模型当作机器人的大脑便可以创造出一个真假难辨的"智能生物"。然而，无论是语言模型还是图像模型，它们目前都主要依靠互联网和书本里存在的大量的被动数据，其所做的事情也大多停留在数据层面，在真实世界中尚未达到人类的水平。这些大模型在一定程度上奠定了人工智能的基础框架，但观察人类的智能发展，我们不难发现，人类的智能发展首先离不开与社会、物理世界的交互，其次，人类的智能发展往往在耗能和对数据的需求上都十分有限。即使在这样的条件下，人类仍然发展出了高度的文明，这也让人不禁思考，我们是否可以找到一条不同于当前大模型发展路径的人工智能发展之路。

◇ **具身智能——从物理环境领悟智能** ◇

庞大的算力催生了如 ChatGPT 般极为强大的人工智能,但现代的人工智能所带来的底层算力开销已经成为一个不容忽视的问题。因此,科学家也开始思考,仅从被动数据中去进行学习是否能够满足需求?正如人类历史上,有人笃信"规模化"就是一切,而有人则不断探索"小而美"的路径,期盼它可以连通着真正的人工智能之门。沿着这一思路,科学家开始探究是否能让智能体通过与外部物理世界的交互,更好地获取智能。正如《基地》系列中基本无法理解"爱"的机器人铎丝,在与哈利·谢顿博士经历了重重磨难和生死考验之后,竟然对"爱"有了理解。尽管现在的人工智能和机器人铎丝相差甚远,但两者却有"异曲同工"之妙,即通过与物理环境交互培养解决问题的能力,进而领悟并体现智能。

2022 年,Facebook 首席人工智能科学家、图灵奖获得者杨立昆发表了他关于自动机器智能的论文《通往自主机器智能之路》。文中杨立昆主要从宏观层面探讨了如何让机器像人类和动物一样高效学习

被动数据,即来自现存数据,数据不可因为模型改变而发生改变,与之相对的是机器人或人工智能主动与现实世界交互产生的数据。

（而非仅仅是堆砌海量数据），同时使其可以进行推理和规划。他认为一个自动机器人的大脑应该如图所示。首先是配置器模块，它从其他模块中获取输入信息，再调制这些模块以适应当前任务。

其次一个重要模块是感知模块，其从传感器中接收来自外

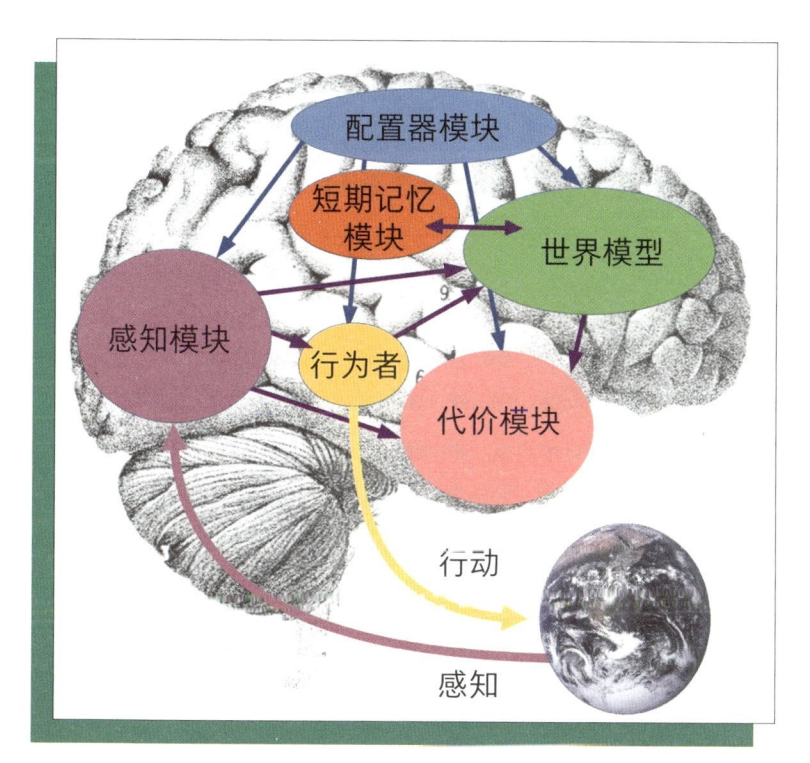

自动机器人的大脑组成

部的信号并预估世界的状态。感知模块所接收的信号中，只有很小一部分信号与当前的目标任务相关，故而该模块也承担了找到合适的抽象层级用以表征世界状态的任务。简单来讲，当你想要倒一杯水的时候，你既不需要看到电视机里面的画面，也不需要注意到你胳膊上肌肉线条的变化，你只需要看清水杯和水壶的位置就行。

另一个模块是世界模型模块，其结构复杂，负责补全感知模块未能捕捉到的信息并预测未来可能的状态。这既需要了解自然的变化过程，如苹果落地，也需要能预测一连串动作所带来的影响，如机器人倒水。由于未来充满不确定性，世界模型模块还需要了解这些不确定性，就像是一个世界模拟器，在内部演算着各种可能的未来。

再一个模块是代价模块。对个人而言，做任何事都有相应的代价：跑步去公园会消耗能量，让人感到疲惫，但是公园里的美景又让人身心愉悦。同样，当你用功读书时，会感到疲惫，不仅是身体上的，还有脑力上的，即你的"代价模块"让你付出代价，但同时读书满足了你的好奇心，"代价模块"会给你奖励。沿着这个思路，我们可以把代价函数分成两大类：内在代价和可训练的评价代价。前者通常对机器人来说是不可改变的，例如，思

> 就像是无论是一个活泼的人还是一个暴戾的人，他们都可以完成倒一杯威士忌这样的动作。

考时的痛苦、欢乐和饥饿等。为机器人设计内在代价需要谨慎，因为它决定了机器人的秉性。后者则更具有远见，能预期未来（或世界模型想象中的未来）的某一状态的价值，这有助于机器人实现具体任务。

至此，机器人已经能够感知世界、预测世界、并了解相应的代价。接下来，我们会给机器人提供一个短期记忆模块，用于记录过去、现在和将来会遇到的状态及相应的价值。例如，当世界模型模块预测未来时，它可从短期记忆模块中调取相关的内容，或用于更新短期记忆模块中的价值。

最后，动作模块登场了。它提出机器人要选择的动作，并发送给末端执行器。动作模块会先将可能选择的动作送到世界模型模块处，有了动作输入，世界模型模块就可以对未来进行预测，并将预测的结果发送给代价模块。计算出代价后，机器人为了代价最小化，会通过梯度下降等手段对选择的动作进行优化，直至选出最佳动作。为了实现这一过程，动作模块可能包含两个部分：一个能快速输出动作的策略网络（通常是神经网络），另一个是动作优化器，可以对策略网络提出的动作进行进一步改进。这与《思考，快与慢》一书中提及的"系统一"和"系统二"相似，"系统一"负责更直觉、快速地做出决策，而"系统二"倾向于采用有逻辑、理性的方式进行改进。

当我们剖析一个机器人的大脑，将其内部的模块逐一呈现

机器大脑·Machine Brain

时，它看起来也就没有那么复杂了。也许智能真是如此，就像一块块乐高积木，当你把正确的模块连接在一起时，成品竟成为精妙绝伦的艺术品。当然，上述构造仅是众多可能性之一，它借鉴了脑科学中的直觉观念，并结合当前人工智能范式，提出了一条有潜力但仍需验证的道路。在人工智能曙光初现之时，历史的经验告诉我们，孤注一掷往往导致从"狂欢"到"冰封"的后果。真正的正确之路今日尚无定论。也许正如罗素所言："参差多态，乃是幸福本源。"人工智能的发展不应停留在一元道路上，而应充分发挥人类智慧的多样性，从各个角度进行尝试。

时下，人们也并未满足于现有的成就：美国的 Neuralink 公司正马不停蹄地研究"脑机接口"技术，试图让机器可以读取、传输、使用人类的脑信号，朝着与人类融合的方向发展智能；DeepMind 公司的 Alphafold 引领人工智能服务于蛋白质折叠等基础科学领域；2022 年末，来自 Meta 公司和斯坦福大学的研究人员布莱恩·希提出了采用生成式模型进行更可控的蛋白质序列生成和设计的方法，这可能是人工智能与生物智能交互重叠的一条新颖路径。另有一群研究人员们，则瞄准了智能的另一个来源——进化。

◇ **学习与进化交相辉映** ◇

进化是一个历史悠久的概念，它通常是指生物在遗传过程中，代与代之间基因频率所发生的变化，基因被复制到子代，同时伴随基因突变，这些突变会对种群内的多样性产生深远影响。这些基因突变具有双重性，既可能引发疾病，也可能孕育出非凡的"天才"。虽然目前尚无确凿的证据，但我们不能排除人类的智能发展也主要来源于进化过程的可能性，而非仅仅依赖"教育"或"学习"。在人工智能领域，进化算法曾一度备受瞩目，但随后渐渐淡出人们的视线。

> 现代人工智能的研究就像一个螺旋上升的梯子，研究人员们又一次把目光放在了进化这一概念上。

然而，2017年，OpenAI的研究人员发现，在特定的机器人任务上，进化算法可以有和强化学习相媲美的表现，而且所需时间更短（当然，这建立在强大的算力基础上）。这里的进化算法，可以被视为一种优化算法，它将神经网络的参数和输入视为智能体的"基因"，并且随机地对这些数值进行扰动，以期获取更高奖励。研究人员们用这样的方法替代了强化学习算法中的反向传播部分。每一次扰动就相当于一次微小的基因突变，

机器大脑 · Machine Brain

而有利于完成任务的基因突变被保留并传播到下一代。这一算法层面的进展，无疑是借鉴了"进化"的概念来解决复杂的优化问题的。与此同时，斯坦福大学的李飞飞教授的研究组则试图从形态学的角度去剖析"进化"和"学习"。

在这项工作中，研究人员们认为生物的智能在很大程度上与其自身的形态紧密相连。为适应生存环境，生物演化出了不同的形态，而这些形态又进一步促进生物智慧和解决问题能力的发展。因此，他们提出要让"硅基生命"（机器人或仿真机器人）在环境中进行进化，以研究形态学对智能和控制的影响。

研究人员们发现，环境的复杂性对产生丰富的形态及相应的智慧至关重要。机器人在进化的过程中存在鲍德温效应，即机器人会更容易进化出学习能力更强的形态，子代机器人在它生命周期的早期阶段往往可以学会其父代很晚才能掌握的一些技能。

接下来，让我们来聚焦这群机器人是如何在环境中完成进化的。为了尽可能地不遗漏任何潜在的最佳形态，研究人员们给机器人设计了多元且丰富的初始形态——拓扑结构。在

这一现象也印证了形态和智能的相互关系，长期的进化可能让生物或机器人拥有更好的学习能力。

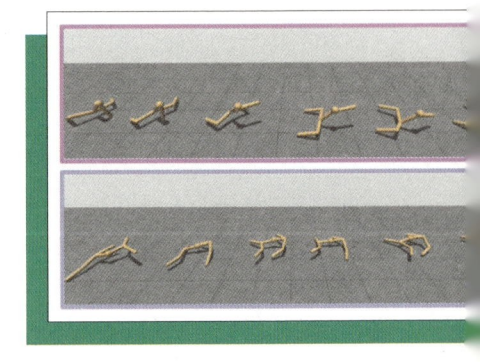

每个生命周期中，种群内部将会有许多形态各异的候选（机器）人进行较量。这群"候选人"将用"一生"的时间来接受训练，以完成指定任务——穿越各种崎岖不平的路段，抵达终点。在训练过程中，每个"候选人"都可以感知自己的身体状态和外部的环境状态，并且通过强化学习算法进行训练。随着"候选人"能力的不断增强，研究人员们还会增设额外的操作任务，如导航或搬运指定物体到指定位置。

有的读者可能会好奇，这些机器人都长成什么样？又是如何生成的？

在图中，我们可以看到为应对不同的环境，机器人产生不同的形态，它们便是"候选人"中的几个例子。研究人员们采用树状结构生成这些机器人：它们从头部开始，逐渐向外延伸生长出

为应对不同的环境，机器人产生不同的形态

躯体，每一段躯体都选用一个圆柱体。通过这种方式，可以随机产生大量的"候选人"。机器人在进化过程中主要经历三种形式的突变：第一是生长出或去掉某段躯体；第二是改变身体性质，如密度、长短等；第三是改变关节连接方式，如关节的自由度、链接旋转角的角度等。当然，在构造进化的过程中，研究人员们也加入了对称性这样的先验知识，使得生成出来的机器人都可以保持左右对称，这与大多数的生物形态具有相似性。

从结果上来看，这样的进化过程使机器人更加适应特定的环境，并能更迅速、更有效地解决特定任务。更为可喜的是，这样的进化过程并没有消除机器人形态的多样性。或许在很多人的想象中，这群"候选人"在完成指定任务后，最终会诞生一个终极形态，或其近似形态会优于其他机器人形态。然而，事实并非如此，之前的分组竞争机制有效地避免了这种情况的发生：各"候选人"被分成多个小组进行组内较量，避免过早地跨组竞争。不难想象，如果人类的祖先猿人与剑齿虎、猛犸象等史前动物赛跑，可能很快便会被淘汰，甚至无法发展出后续的使用工具等更高级的能力。因此，这样的分组竞争方法既有利于择优选择，又有效地保留了那些"后期选手"。可以说，这样的设计既保留了多样性，也保留了那些大器晚成的"祖先"（即可能在所有"候选人"中并不算拔尖，但随着逐渐进化却可能产生出最优形态的机器人）。这些最终留下的机器人或多或少都有自然界中生物的影子：它们像蜥蜴一样向前爬行，或张开前爪尝试推动指定的物体。

为了探寻更本质的智能，仅观察机器人在它们所处的环境中的表现还远远不够，研究人员们决定进一步探测它们的能力。智能的关键指标是机器人是否可以快速适应新的环境和任务。研究人员们试图比较来自不同环境的机器人能力的异同，于是把每个环境中表现优异的机器人，放入大量新的、陌生的环境中，让它们去重新学习。这次，它们要学会的是8项艰巨的任务："巡逻""导航""避障""探索""逃脱""爬坡""推箱子""控球"。为了准确地判定哪个环境中的机器人形态更优，在机器人重新学习新任务时，研究人员采用了与之前完全相同的控制算法。测试结果显示，在更复杂环境中进化出来的机器人形态更容易习得这些新技能，不仅学习速度快，而且完成度高。这也给我们带来一个重要启示：更具智慧的形态可能来自复杂的物理环境训练。这是否也符合人类智能的发展？人类作为既没有尖牙利爪，又没有可与野兽媲美的体魄的弱小生物，哪怕仅是在身边的环境中生存，也已经极具挑战了。然而，正是这样复杂的且难以应付的环境，才不断激发人类进化，并具备了高超的学习能力。反过来，这不失为一个有趣的研究主题，或许未来的研究人员会进一步探索如何以让机器人变得更具智慧，而不仅仅是改变形态。

◇ 忽远忽近的"奇点"临界 ◇

奇点一直是一个和人工智能紧密相连且无法回避的概念。在物理学领域,奇点被用于表述时空中位于黑洞中心、无限弯曲的点。而在技术领域,这一概念被引申为技术在短时间内可能达到的一种不可控或不可逆转的发展状态。人们普遍担心技术奇点的到来,特别是强大的人工智能的出现。一旦人工智能发展出过于强大的能力,它们可能会不再受到人类的控制,进而成为真正意义上具有意识的生命体。没有人可以预测人工智能技术达到技术奇点时,究竟会发生什么。在智能科技的大潮中,这样的讨论颇具意义,有人认为人工智能距离意识觉醒仍然有相当长的路要走,我们的核心任务是继续提升机器人的智能水平;有人则认为我们应该思考怎样促进机器人的意识觉醒;当然也有人认为我们已处于潜在的危险中,要为可能的人工智能对抗做好准备。

一种朴素却有力的论点是现在的机器人仍然没有办法胜任生活中的大多数任务。例如,几乎没有哪款机器人和配套人工智能算法可以完成人类可以轻易完成的大多数家务。这听起来有点让人觉得不可思议,但这确实是一个现实的例证,机器人离我们想象中强大的人工智能尚有差距。如果你要求机器人去做一顿饭，比如蛋炒饭，它们可能会先让你想象整个做饭过程：从构思原材料、打开冰箱取出食材到搅拌蛋液、切葱花、切火腿肠，再到将蛋液均匀地裹住米粒并下锅烹饪，这一系列动作对人类来说并没有什么难度，甚至可以在同时回忆咖啡厅的音乐和构思游戏战术的情况下完成。但对于一个机器人来说，却充满复杂的挑战。其中一个复杂挑战便是长距离问题，在完成较为复杂的任务时，机器人要经过感知、推理规划、执行多个步骤。对于人类而言，这是一件轻而易举的事情，因为我们拥有很强的推理能力、丰富的经验和来自长辈及朋友的教学指导等，但这对于机器人来说却并非易事。例如，人类会顺手挪开冰箱里挡在鸡蛋前面的酒，但机器人可能需要先判断这瓶酒是否阻挡了抓取鸡蛋的路线，在抓取的过程中是否可能被碰倒，碰倒后是否会有不好的影响，即使机器人能够完成这一系列的分析，但构思出这样的逻辑线条并付诸实践仍然是个巨大挑战。有人可能会提出使用大模型！但大模型的强大往往需要海量的数据作为支撑。虽然网络上的语言、图片资源取之不尽、用之不竭，但真正与物理世界进行交互的数据量却少之又少。机器人面临的第二个挑战则是感知物体类型，哪怕是一碗简单蛋炒饭，里面也包含了蛋液、米粒、葱等多种原材料。机器人如何熟悉、了解它们的性质并且正确处理它们仍然是一个棘手的问题。同时，泛化问题也是机器人面临的挑战之一，由于数据量的限制，当机器人身处一个陌生的厨房时，面对一个造型别致的调料罐时，它会感到困惑不已，也许它在思考这究竟是艺术摆件还是一罐白糖。

> **总的来说，这一派的观点是机器人在物理世界中的能力仍然不足以让人们讨论奇点的到来，机器人真正的觉醒仍在尚远的未来，如今人们做的仍然是提升机器人的智能水平。**

另一种观点相较于前述从技术角度出发的观点更富有故事性和哲学性。科学家们认为无论是让机器人聊天还是做家务，都不过是一种解决任务的算法，而真正可能触及奇点的研究或许并不是增量式的进展而是跨越式的突破。"意识觉醒"这一术语用于描述机器人对自我存在和外部存在产生了主动的、自主的认识。尽管哲学家和科学家对此已进行了旷日持久的思考、分析及辩论，但"意识"的本质仍然扑朔迷离。

美国计算机科学家、图灵奖获得者曼纽尔·布卢姆及其同为计算机科学家的妻子莉诺·布卢姆共同发表了一篇论文，尝试从理论角度去理解意识，这也是近年来给人工智能赋予意识的一次初步理论探究。以往，关于意识和人类大脑的研究主要来自认知神经学。而布卢姆夫妇则另辟蹊径，从底层计算原理的角度去探索意识的形成，并提出一种全新的计算模型——"意识图灵机"。他们试图揭示意识如何通过计算在"意识图灵机"

中生成，从而使机器具备真正的感知能力。尽管这是一个颇具争议的观点，但布卢姆夫妇认为，根据已有研究成果，意识源自有组织的计算系统，无论这一系统是由血肉组成的还是由钢筋和硅元素组成的。他们试图在"意识图灵机"中构建一套完善的全局工作空间理论。这一理论的创始人伯纳德·巴尔斯曾将其比作剧院，舞台上活跃的表演者是用于暂存并辅助完成推理和决策的"工作记忆"，而剧院阴影中的庞大的潜意识则时刻关注着表演者。在"意识图灵机"中，位于舞台之上的便是短期记忆模块，负责意识层面的任务，而潜意识层面则由大量处理单元共同构成的长期记忆模块负责。意识的定义便是短期记忆模块将信息广播到长期记忆模块所负责的潜意识区域，从而实现意识和潜意识连接起来。这一过程，在心理学中被称为"点火"。布卢姆夫妇认为上述的计算结构是产生意识的极简模型。除结构本身外，在设计中的另一关键点是资源的有限性，即各个模块无法同时被启用、被注意，他们需要根据感知结果竞争有限的资源，这一观点也和计算心理学专家们所提出的"有限资源下可能产生有效、准确、高时效性的反射和决策"的观点不谋而合。"意识"是否就这样被创造出来了？我无从得知。但可以肯定的是，与之对立的观点同样振聋发聩。最广为人知的可能是由美国哲学教授约翰·瑟尔提出的一个思想实验，用以反驳计算机功能主义的观点。

现在让我们一起来复现一下这一思想实验：一个对中文一窍不通但能读懂英语的人被关在一间只有一个小门的封闭房间内。房间内有一本英文指南，指示如何处理收到的中文消息并用中文进行回复。房间外的人不断通过小门向房间内传递中文问题。房间内的人则会按照英文指南，使用合适的指示，将相应的中文字符组合成答案，并传出房间。如此一来，房间外的人便会认为房间内是一名懂中文的人。但事实上，房间内的人完全不明白对话内容的含义。这一过程中的"英文指南"扮演了计算机程序的角色，即在计算机无须理解内容的情况，也可以完成看似智能的指令。另一个更为大胆的思想实验则假设一个装有泉水的透明塑料桶被放在阳光下。在微观层面，大量复杂的事物正在发生反应：细菌和其他微小生命形式在疯狂繁殖，这一切需要在分子水平上更加高强度地活动来维持。在非常偶然的情况下，它可能在短时间内实现一个人类程序吗？如果是这样，计算机功能主义者难道不能得出结论，认为桶中的水短暂地构成了有意识的身体，并具有思想和感觉吗？如果延续这样的思路，几乎任何物理对象在任何条件下都在其内部分子水平上发生足够的活动，那么最终我们将会得到如下的结论：如果关于水桶的说法是正确的，那么万事万物都可能产生"意识"，所有的计算机功能主义者很快就会陷入一种很荒谬的泛心论……

我们见到了关于功能、智能、意识的多种讨论，究竟孰是孰非尚无定论。但有第三类学者，他们直接跳过了智能和意识是否真的可以达到这一问题，转而去思考更长远的未来，如果机器人和人工智能技术真的到达奇点，人类现在应该做什么？欧文·约翰·古德率先提出了"超级智能机器"的概念，即当我们创造出了一个比人类更为聪明的机器后，这个"超级智能机器"在设计机器方面也必将超越人类。届时将出现机器人设计更聪明的机器人带来的"智能爆炸"，而人类的智能将被远远抛在后面。因此，人类只需要造出第一台超级智能机器就可以高枕无忧了，当然前提是该机器足够"温顺可控"，否则它就可能是人类的最后一个发明。但遗憾的是，这样的声音始终未能在除科幻小说以外的地方获得足够重视，而无论是机器人学领域专家还是人工智能的研究人员也大多笃信"越智能，越伟大"的信条。除早期计算机之父艾伦·麦席森·图灵和人工智能之父马文·明斯基发出关于人工智能危险性的警告之外，越来越多的公众人物如埃隆·里夫·马斯克、比尔·盖茨、史蒂芬·威廉·霍金等也逐渐为人工智能的安全性发声。

在加利福尼亚大学伯克利分校，人工智能的先驱者斯图尔特·罗素教授则在这一领域展开了系统性的思考。他的思考基于以下假设：第一，人工智能最终一定会走向成功；第二，完全不受约束的人工智能在带来巨大的红利的同时也会带来巨的风险;第三,人类应思考如何获得收益同时规避风险。为此,他成立了"人类相容人工智能中心",进行人工智能安全性的相关研究。在其编写的《可证明的有利人工智能》一文中,罗素教授将不设任何限制的人工智能比作一名公交车司机,车载着的整个人类冲向悬崖,但司机却说:"相信我,在我们到达悬崖前油会先用完。"显然,这样"显灵"式的想象并不会出现,至少在历史上有过相似的教训:1933年9月11日,著名物理学家欧内斯特·卢瑟福表示,"任何希望在这些原子的转变中获得能量来源的想法都是无稽之谈。"而就在第二天,物理学家利奥·西拉德发现了中子诱发核连锁反应。几年后,在他的实验室里,西拉德描述:"我们关掉所有东西,然后回家了。那天晚上,有在我看来,世界正走向悲痛,这一点毫无疑问。"再后面的关于核物理的恐怖一面便是世人皆知的故事了。在当时,连物理学家卢瑟福都对核物理的进展做出了错误的预测,那现在当其他人工智能专家向你兜售"人工智能尚远,安全无须担忧"论调的时候,是否也应该多一分小心呢?也许他并非不是出自真心,只是有时科技的突破是在一瞬间以超越人类想象的方式到来的,而要完善地构建出规避潜在风险的体系又需要相当长的时间。

为了让人工智能在突破奇点的那一天到来时,真正为人类谋福祉,罗素教授提出了关于实现人类相容人工智能的三大原则：第一，机器的目标是为了实现人类价值，它不能拥有自己的目标也不能有天然的自我保护欲望；第二，机器人最初不知道人类价值，但会后天逐渐了解，但永远不会完全确信；第三，机器可以通过观测人类的行为学习人类价值观。有了这三条原则，机器人便可以与人类进行交互，并学习人类的偏好和价值观，从而对人类产生益处。在这个过程中，机器人的唯一目标就是让人类获得更多收益。而且基于上述的三大原则，机器人是无法完全确定人类的喜好的，故而它们需要人类作为奖励来源。因此他们无法从人类的真正偏好以外的地方获得奖励。所以它们无法强迫人类表示开心，或干脆取消自己的关机键。但这还远远不够，尽管机器人已经得到了约束，但我们人类自身却并非尽善尽美：我们可能非理性、前后矛盾、意志力薄弱、思考能力有限，这样的我们很有可能会误导机器人。想象一下，两个在下象棋的人类，败者下了一步坏棋之后，尽管他是想赢得比赛的，但机器人却可以根据这一行为错误地推断他并不想赢。更糟糕的情况是，一个机器人的主人是一个邪恶之人，我们将不得不在机器人中植入一些预先设计好的指令来屏蔽这些邪恶的观念。

至此，可能有的人已经被这样的人工智能威胁论说服，有的人仍然对此持怀疑态度。事实上，这一观点在学界和业界也众说纷纭，有人认为罗素教授好像在担心火星上人口过多的问题。我仍然记得在当年博士入学时，有幸和罗素教授进行过一次对话，当我问他最后一个问题"现在进行人工智能安全性的研究是否为时尚早"时，他带着笑意反问我："如果你知道50年后小行星将要撞击地球，我们需要多少年来准备？我们现在准备还算早吗？"

关于奇点，关于人工智能，我们看到了3种具有代表性的观点。去判断"铎丝"是否真的会到来，似乎还为时尚早。但总的来说，人们各持己见且都经过深思熟虑，却都有着共同的目的——为了人类更美好的未来而不懈努力。

忽远忽近的"奇点"临界

121

Simulated Features

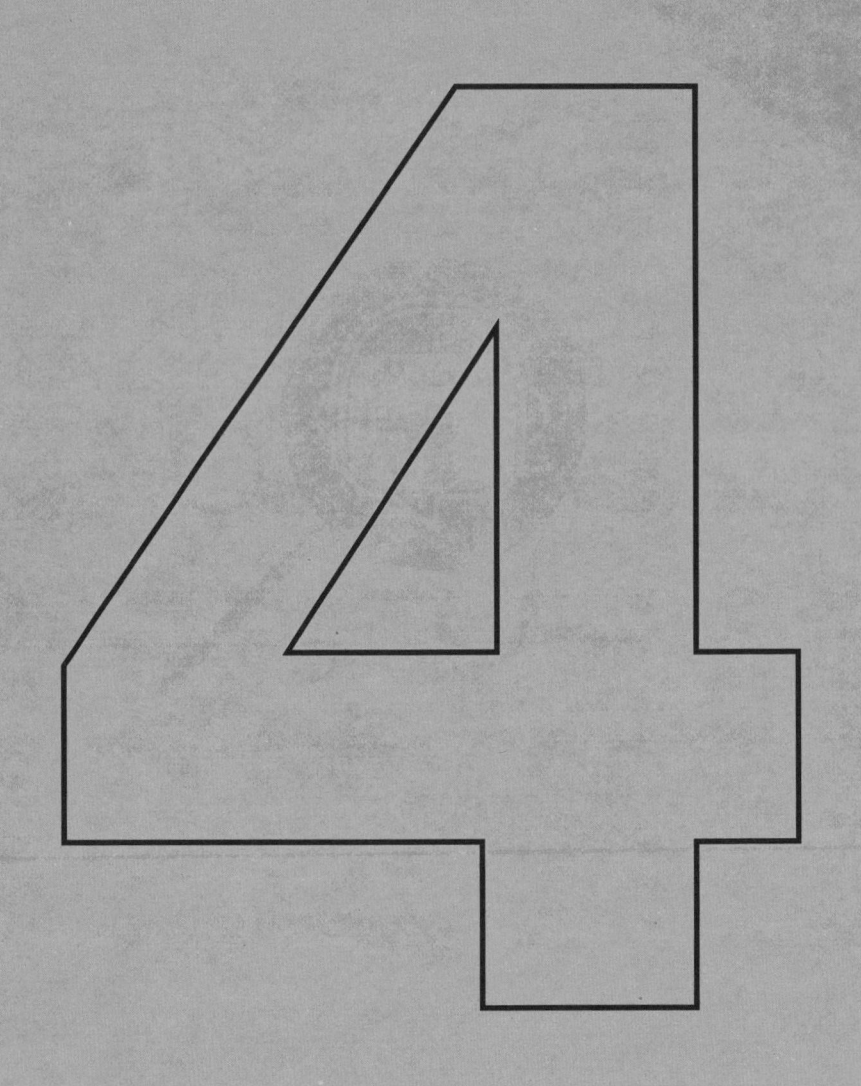

4

本章探讨了科学家如何赋予机器人类似人类的"五官",使它们能够拥有人类和动物的视觉、听觉、触觉等感知能力。机器人的"感官"依赖传感器技术,专用机器人拥有单一模态的感知能力,通用机器人拥有和人类近似的感知能力,这样的设计不仅更适应这个原本为人类打造的世界,而且会增强它们的拟人化程度和对人类的情感交互与支持。

模拟五官

124

模拟五官・Simulated Features

01

世界上最甜的草莓

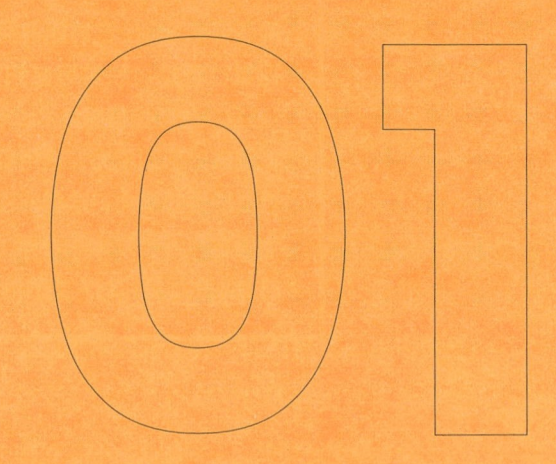

The Sweetest Strawberries in the World

【1】

如果他们没吃草莓，而是随便吃什么西瓜、水蜜桃、苹果，事情就不会这么糟糕。如果他们不是 20 岁出头，而是像中年人那般谨慎，事情也不会这么糟糕。可他们偏偏在吃草莓，他家偏偏有座草莓园，他们陷入了没头没脑的热恋中。女人边吃，边把草莓蒂在盘子里摆好，像一朵又一朵绿色小花。

"说你爱我。"她笑着命令道。他带着十二分笃定说："我爱你，我爱你，我爱你，我显然爱你。"说话时，舌头上沾着新鲜草莓的汁液。

"说你会把世界上最甜的那颗草莓留给我吃。"

"我会把世界上最甜的那颗草莓留给你吃。"他说，并再三保证自己绝对不会欺骗或敷衍她。他们笑着、闹着，继续吃草莓。

他和女人结了婚，继承了家里的草莓园。他们共同将孩子们抚养长大。

在妻子离世半年后，他也撒手人寰。他们本应该留下一大笔遗产。

【2】

刚走进草莓园,孩子们就知道面前是个大麻烦。

空气中弥漫着又酸又臭的味道,大门锈迹斑斑,海报褪色脱落,草莓造型的休闲椅上落着厚厚的一层灰尘,变成可怕的灰红色。多年来,他们忙碌于各自的事业,很少回到这座二线城市,更不会想到要回草莓园看看。

"百分百是做了假账。"妹妹说,"这根本就是座垃圾场,怎么可能每年投入那么多钱搞研发?"

"别胡说,"哥哥反驳道,"爸妈不会做假账。"

"这可不敢保证,他们什么都做得出来。"

律师、公证员、农业局代表和金融顾问礼貌性地忽视这场争执,尽职尽责地清点着草莓园现存的物资。令人惊讶的是,在园子西北角确实有座研究站。站里储存着五六十箱不同品种的草莓种子,还有一个昂贵的通用型机器人。

"就是这个了,"妹妹说,"假账的证据。因为这根本不是通用型机器人,它只是一个简单的金属脑袋。"

"我想起来是怎么回事了,"哥哥说。他年长三岁,对父母的往事更了解。"你记不记得他们刚开始为什么吵架?"

"不知道,"妹妹说,"他们吵过一万次架,你是问的哪次?"

"那是后来,刚开始他们其实没有吵架,只是在讨论草莓。"

他蹲下身，找出这个机器人的研发记录。他们终于发现，爸妈确实投入了那么多经费，花了半辈子时间，只为研究出世界上最甜的草莓。

【3】

最开始，它不能算"金属脑袋"，只能算"金属舌头"，其嗅觉灵敏度是人类的 2 倍。那些年草莓园收益很好，运营团队有足够的耐心与时间研究点儿新品种。所以，他们斥巨资购买了基因调配器和这台嗅觉检测仪。

精细化农业刚开始推广的时候，园里就购置过近红外光谱仪，能够进行大批量无损测糖实验。据说医院都在用这种仪器扫描患者的大脑，去测量氧合血红蛋白、脱氧血红蛋白的浓度，这种仪器能看见大脑皮质中微妙的变化，辨认快乐与痛苦。

为了提高测量效率，运营团队把这台光谱仪与嗅觉检测仪整合起来。

它虽然没有脑袋，但它每天都能扫描园区内游客们的几千颗脑袋，久而久之，也懵懵懂懂知道了什么是"脑袋"。

在扫描仪的帮助下，它精确控制每块土壤的酸碱度与湿度、光线的强弱、空气的流通速度、每颗草莓的颜色、重量、含糖量、光泽度以及每条翻滚在土层里的蚯蚓和每只不自量力的蚜虫。

第一代草莓成熟得很快,果实近乎球形,肉质绵甜,红润亮泽,甚至连表皮上的种子都泛着红色。凑近了,能闻到一股淡淡的玫瑰香。

等到第二代草莓,那些艳红色果实炸裂开来,把白色粉末抛撒出去,使土壤覆盖上一层白霜。研究员们站在温室里,仔细嗅闻着空气里浓郁的草莓香。闻起来像草莓,尝起来像草莓,但这是草莓吗?他们把沾满粉末的土壤更换掉,过滤了温室里所有的空气。

第三代草莓有着酥硬的外壳,像精致的草莓硬糖,极易存放。种子的专利权被一家挪威糖果公司收购。

……

后来,某天晚上,草莓园已经关了门,却有一个女人敲打着铁门将门卫唤醒,再不管不顾地冲进了研究站,命令这个机器人研究出"世界上最甜的草莓"。

于是,它开始思考:什么是甜?甜是一种味觉。甜是向世界屈服的方式,是易腐的外壳与坚硬的内核。甜是掠夺,甜味浓郁凶猛,掠夺了草莓本身的味道。

女人在哭,胸腔中涌动着火辣辣的情绪。这种情绪被转化为分子层面的变化,又转化为数据,逐渐感染了机器人。在这个原本为人类打造的世界中,它思考并感受着人类才能感受到的甜蜜,感受到了快乐与痛苦——还有强烈的嫉妒。

它明白了，它将答案告诉那台基因调配器，它们共同创造出那种甜草莓。

【4】

妹妹冲上前踹了机器人一脚，觉得这是父母的胡思乱想。在她整个童年生活中，父母总是在冷战、争执、再冷战。她聪明敏感，绝不相信这个家庭中存在任何共同目标。但她没有把自己的想法说出来，只是转身离开草莓园，再也没有回来。

哥哥被父母的执着打动了，主动接手了整座草莓园，将其修缮一番，重新对外营业。他把自己名下的律所转让给其他合伙人，耐心回复每位网友，录制视频介绍不同品种的草莓，解答各式各样的问题。

"你们已经研究出世界上最甜的草莓了吗？"有人问。

"没有。"他说。"但我们早晚会研究出来，把它献给全天下所有喜欢甜草莓的人。我将继承父母的遗志，全心全意、不惜成本地推进这项研究。"在他身后，视频背景上躺着几只硕大的草莓，丰润且红艳。

他们是**草莓世家**，他是**草莓世家**的继承人，他不会忘记自己的使命。他相信自己能像祖辈那样，用光线、微量元素与水分滋养生命。他也相信，父母之前所有的争吵都不过是研究工作中常见的争论。在他和妹妹被送往寄宿学校读书的那段时间里，父母吵闹但恩爱，互相扶持着度日，就像任何一个完整而幸福的家庭。

令他感到可惜的是，被妹妹踢过一脚后，那台通用型机器人突然尖锐地叫了几声，就彻底无法启动。只能将它放入草莓园博物馆里供人参观，就在闪光的草莓玩偶和草莓冰激凌机之间。

【5】

如果他们没吃草莓，而是随便吃什么西瓜、水蜜桃、苹果，事情就不会这么糟糕。

或者，如果她没那么喜欢吃草莓，事情也不会这么糟糕，她不会为男人心动，草率地踏入婚姻殿堂，然而无休止地争吵，哭泣。

"婚姻就像草莓那样。"男人解释道，"你喜欢吃草莓，但是你知道世界上永远没有一颗最好的草莓，对吧，哪怕是最甜的草莓也不行。因为不同品种的草莓各有风味，你可能会喜欢上红的，可能会喜欢上甜的，也可能会喜欢上最大最饱满的。有时你的心态会变化，你的喜好也会变化。有时草莓太甜了，就没有草莓味了，你懂我说的意思吗？"

我多么爱这个人啊，她想，甚至爱他执拗又愚蠢的部分。就像爱一颗草莓，也同时爱上了它的果蒂、枝叶与根系。她忍当机器人拥有了大脑、感官之后，科学家还希望它们拥有"四肢"，即具备类人的灵巧操作能力。目前，这一领域亟待突破的关键瓶颈之一是实现机器人能够以类似人类的抓取模式，自主地从人手中接取并传递物体。这一能力的实现，对于人和机器人的交互、协同作业以及推动机器人在仓储、服务等行业的应用都将大有裨益。

钢铁之躯

164

钢铁之躯 · Man of Steel

抚摸之日

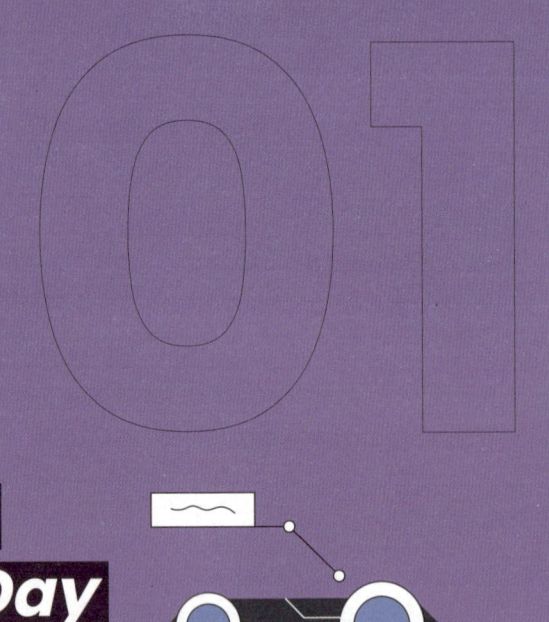

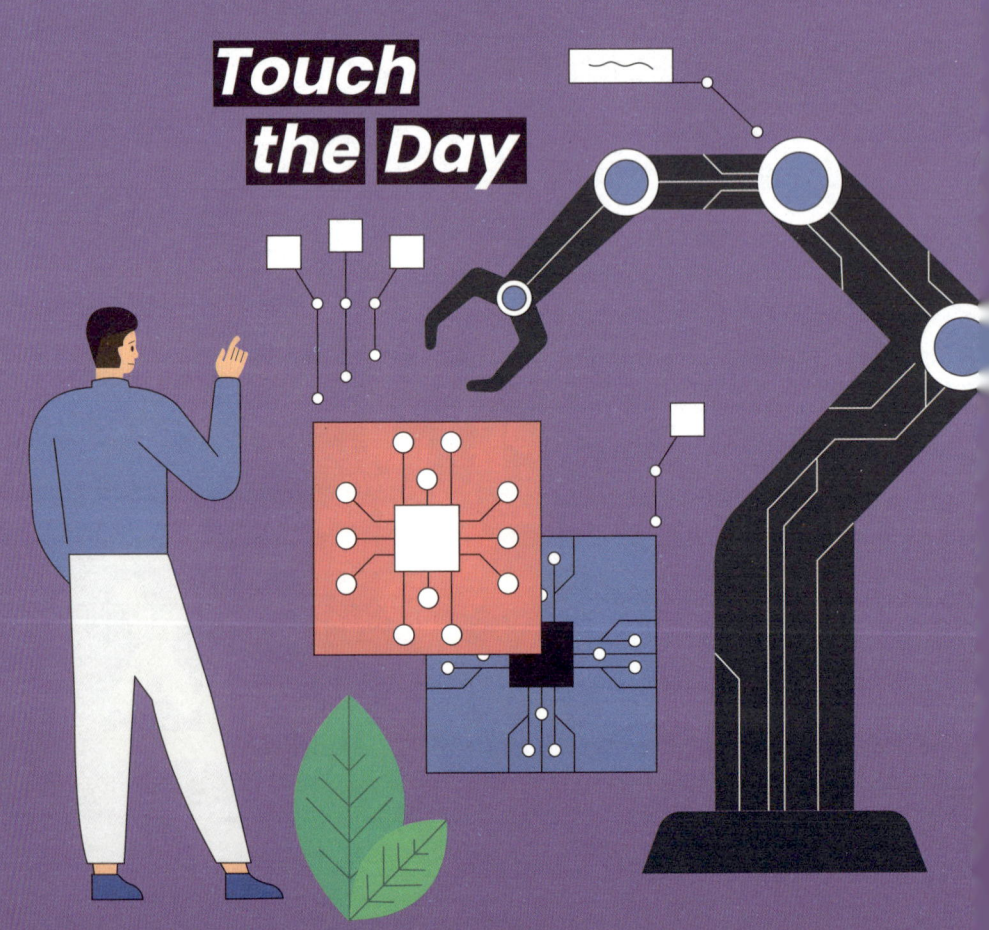

01

Touch the Day

住泪水，转身离开，把自己能搞到的所有资金都悄悄投入了草莓园。

"求你，"男人说，他心动过速，面庞泛起暖红。"你是最温柔也最聪明的女人，最宽容，最可爱，请再让我吃一颗甜草莓。"

"是的，"她柔声回答，"我知道，你喜欢吃草莓。"

她把草莓递进男人手心。草莓园注定要被废弃掉，运营团队也已经解散，只留下一座温室，种着她的草莓。她没有把这个秘密告诉任何人。所以，在她去世后，这些世界上最甜的草莓将活在温室中也死在温室中，见不到真正的风，在阳光中萎落，在泥土里消失，仿佛从来也没存在过。

模拟五官 · Simulated Features

走向「五感」自然交互时代

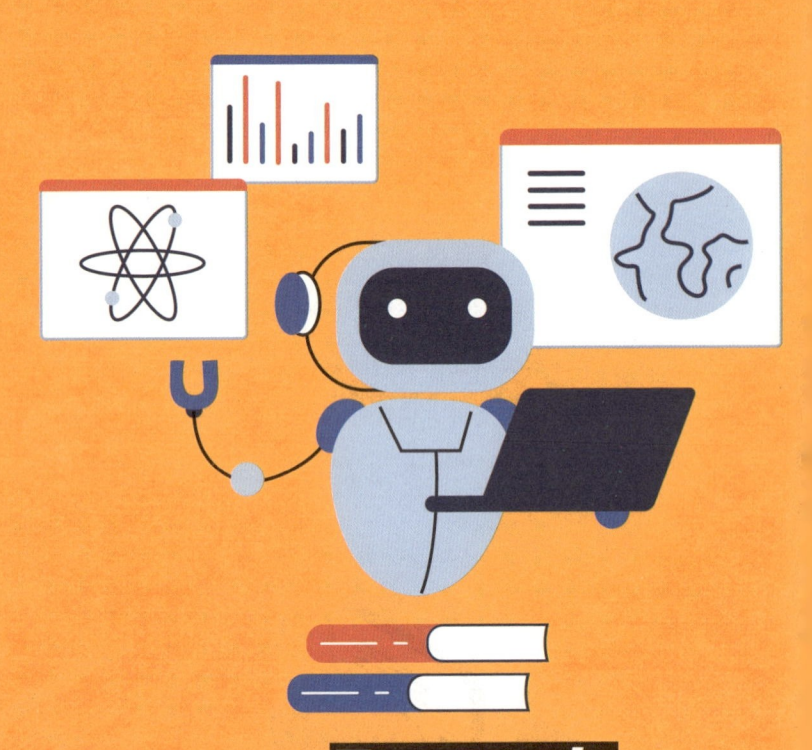

Towards the Era of Natural Interaction of "Five Senses"

2040 年，北京的一所公寓内

午后，狂风又起，沙尘混着柳絮乱飞，呼呼作响，直穿天灵盖。

"帮我弄杯冰可乐吧，这鬼天气，看不进去书。"他狠狠薅了一把头发。

"这就来。"我将冰可乐递给他，他的手紧紧包住我的手。我手心是冰冷的杯壁，手背是他温热的掌心，一时动弹不得，"你的手，比我第一次触碰的时候粗糙了不少。"

"那是多久之前了？"

"2035 年，机器人维修工程师刚刚把我的力传感器替换成了触觉传感器。"

他顿住，"这才 5 年……"

"有时候我还挺羡慕你们人类天生就有五感，不必像我一样隔几年就要更新迭代。"

人类和机器人的界限，在多种维度上正日益模糊。在上述的未来场景中，机器人已经不再是单纯服务于人类的工具，而是成为同人类并肩而立的平等存在。它不仅可以流畅地与人类

模拟五官 · Simulated Features

交谈，还具备了和人类一样的五感，真切感知着周围世界。这些感知能力来自机器人的"器官"——传感器，它们捕捉来自物理世界的信息并用适当的形式存储，从而为后续的决策或者认知过程提供支持。

我们可以把机器人分为专用机器人和通用机器人两大类。

专用机器人的传感器主要用于协助完成某些特定任务，因此，这类机器人往往只有单一模态的感知能力，并且该能力被优化到极致。例如，工业生产中的测绘设备、自动驾驶汽车中的激光雷达以及船舶搭载的声呐系统等，都可以被视为专为特定任务设计的传感器。至于人们更期待的通用机器人，若其感知能力能无限接近人类，便能在这个原本为人类打造的世界中完成洗衣、做饭等复杂任务，同时极大地提升机器人的拟人化程度，增强对人类的情感支持，进而提升人类对机器人的接受程度。

◇ 视 觉 ◇

1. 从人类视觉谈起

视觉无疑是人类最为重要的感官之一。通常，我们谈及视觉时，会想到光线透过角膜经过屈光系统聚焦在视网膜上，转化为相应的神经信号。这些神经信号从视网膜的感光细胞开始，经由视神经传达到大脑。对视觉的研究,其历史可以追溯至古希腊时期。

在古希腊时期,人们认为世界由火、气、土和水组成。一些古希腊时期的先贤认为,人眼能看到物体,是因为人们眼中的"火"(即视觉能量)向外投射光线,被物体拦截所致。这一观点被称为发射理论。然而,该理论在解释为何夜晚人类无法看清物体时遇到了阻力,但很快通过动物(如猫能在夜晚清晰视物)的例子进行补充,认为不同生物眼中的"火"强度不同。

以亚里士多德为代表的另一些古希腊时期的先贤则支持入射理论,即光线从物体反射后进入眼睛。虽然这一理论和现代的视觉理论相近,但在当时只是一种未经证实的猜想。直到中世纪,数学家、天文学家、物理学家阿尔哈森才首次成功质疑发射理论,并正确阐述了光线经物体反射后进入人眼的事实。

此后,人们对视觉的研究从未停止,达·芬奇率先发现,物体只有在视线的正前方时才可以被清晰看见,而视野边缘则相对模糊。这也和现代视觉理论中的中央凹视觉和边缘视觉概念相吻合。接着,便是众所周知的牛顿利用棱镜折射太阳光的故事了。到了20世纪70年代,大卫·马尔提出了一套多层视觉理论,将视觉分为计算层、算法层以及实现层。计算层位于顶端,负责决策视觉系统当前应该解决的问题;算法层提供表征或解决方案以满足计算层的需求;实现层则确定神经系统如何连接以完成上层任务。大卫·马尔主张从这三个层次中任意一层去分析视觉。同时，他认为视觉是一个从二维输入（视觉阵列）到三维世界描述的过程。当然，这一理论仍待完善，如理论中缺少视觉注意力机制等重要元素。但大卫·马尔对于整个视觉领域的贡献仍然被世人所铭记。

2. 视觉不是人类的专利——计算机视觉的前世今生

大卫·马尔在视觉领域里程碑式的工作中，不仅尝试解释人类视觉的机制，还为用计算机解决视觉问题奠定了基础。早在马尔之前，1966年，麻省理工学院的人工智能实验室就已经开始探索计算机视觉，但方法却过于理想化：他们希望通过一次暑假"项目"作业来达成目标，教授让学生把摄像机连接到计算机，并让计算机描述摄像机看到的场景。但直到一个暑假结束后，即使在麻省理工学院这样的顶级名校，也没有学生完成这次"颇具挑战"的作业。此时，计算机科学家们才意识到，计算机视觉可远非几个学生的努力就能轻易解决的问题。

人们开始反思，是什么让我们误以为计算机视觉是一个简单的任务？这可能源于人类自身过于强大的视觉系统。一个简单的例子，大多数人能在不同光照、视角、表情之下，轻易识别朋友的脸，而机器达成这一简单目标却是在计算机视觉发展了几十年后。因此，关于计算机视觉的研究如火如荼地展开。

起初，人们遵循马尔的计算模型，选择了"自底向上"的道路，即从图片中提取边缘、线条、形状、物体及动作信息，以描述图片。随后，另一股风潮席卷而来，即通过更形式化的数学手段来进行视觉分析和建模。例如，许多视觉问题可以转换为数学优化问题，并且用马尔可夫随机场进行建模。在此期间，经典算法不断涌现，例如，利用三维几何信息校准相机参数，利用多视角视图来获取三维信息，利用图分割理论进行图像分割。

```
                MASSACHUSETTS INSTITUTE OF TECHNOLOGY
                           PROJECT MAC

     Artificial Intelligence Group              July 7, 1966
     Vision Memo. No. 100.




                       THE SUMMER VISION PROJECT

                            Seymour Papert


             The summer vision project is an attempt to use our summer workers
        effectively in the construction of a significant part of a visual system.
        The particular task was chosen partly because it can be segmented into
        sub-problems which will allow individuals to work independently and yet
        participate in the construction of a system complex enough to be a real
        landmark in the development of "pattern recognition".
```

麻省理工学院计算机视觉项目

3. 深度学习——计算机视觉的"终结者"时刻

尽管此前的工作在"让计算机去看并理解"这个世界方面取得以得了诸多显著进展，但这些工作由于处于较早的时间点，其结果距离人们幻想中的让机器人拥有与人类一样的视觉仍然有很大的差距。在电影《终结者》系列中，通过机器人的"眼睛"看到的场景给人们留下了深刻的印象，同时也展示了人们对于终极形态的机器人如何观察和分析这个世界的想象。为了达到这样的效果，人们发现仅依靠传统数学模型和算法已经很难进一步推进计算机视觉能力的发展，因此开始探索新的道路。

> 就像我们现在看到的人工智能的强大能力一样，神经网络的到来很快在计算机视觉领域掀起一场革命。

随着神经网络和人工智能的发展，越来越多的任务被纳入神经网络优化的大框架内。2012 年，在 ImageNet 大规模视觉识别挑战中，图像分类任务错误率从之前的 26% 一举降低到 16.4%。这一突破性的进展得益于多伦多大学研发的一个名叫 AlexNet 神经网络，它使用简单的卷积结构便超过了此前精雕细琢的传统方法，标志着神经网络在计算机视觉领域的统治地位的上升。

有了统一的框架，计算机视觉的研究进展开始呈现指数级飞跃。以李飞飞教授等为代表的研究人员围绕计算机视觉的三大任务——图像分类、物体检测、图像分割,展开了一系列创新性的工作。时至今日,图像分类已经广泛应用于我们每个人的智能手机的人脸解锁功能上,物体检测技术也已经相当成熟。而在 2023 年 4 月,图像分割技术的发展也已经几乎和《终结者》中想象的场景相差无几。在了解其中更具体的技术之前,我们先来看一下美国 Meta 公司人工智能实验室发表的论文《分割一切》中提到的演示效果,是不是已经比《终结者》里面的视觉

论文《分割一切》提到的演示效果

效果更好了呢？如果读者怀疑这是一个人工智能挑选出来的特定图片，不妨登录该论文的网站（https://segment-anything.com/demo）上传自己生活中的任何一张照片试用一下。

那么，这个看起来如《终结者》一般强大的模型，到底有什么过人之处？它的方法究竟是如何实现的？在论文中，研究人员们宣称该模型已经掌握了关于"物体"的一般性概念，即使是从来没有见过、训练过的物体，在从来没有见过的类型的图片中也可以被成功分割出来。这一模型和此前介绍的ChatGPT等模型一样，具备了"零样本迁移"的能力，即无须额外的数据训练便可以应用在任意图片或视频之上。与此同时，该模型支持多种交互方式生成分割结果：你可以选择分割图片中的所有物体、框选用户关注的区域，或者干脆交互式地进行指哪儿分割哪儿的操作。这个可以分割一切的模型——SAM并不是凭空出现的特例，而是一个充分地融合了整个领域已有知识和技术的混合体。它的第一部分是一个图像编码器，研究人员采用了掩码自编码结构预训练的视觉自注意力模型。第二部分是一个提示编码器，用于把用户提出的需求输入模型。这一部分可以处理图片上的一个点、一个被框选住的一个区域、一句话或者一张掩码图。第三部分是一个掩码解码器，用于将之前提取出的图片编码、提示编码以及一个输出"令符"映射到一个掩码上，最终得到每个像素的前景概率。整体来看，SAM巧妙地选择了当前最优的各个组成模块，并将它们组合到了一起。

当然 SAM 并不是完美的，而且与 GPT 相比，它仍然需要大量的人工标注作为辅助，而 GPT 却可以利用语言中的"下一个词"来进行自监督训练。这也意味着，GPT 几乎可以利用世界上所有存在的语言数据，而 SAM 的下次升级可能面临惊人的标注开销。

4．机器人的眼睛：相机

与人类只有一双眼睛不同，机器人的眼睛通常是一台或几台相机。这也意味着为了让机器人获得更强大的能力，我们可以为机器人选取最适合的硬件设备。机器人除了可以使用我们常见的手机或相机摄像头以外，还可以使用可以提供更多信息或性能更好的硬件。其中之一便是深度相机，深度相机通过多目视觉或其他红外传感器等可以给机器人提供图片以外的深度信息。这些深度信息可以用于测量距离或者用于恢复周围世界的几何外观，从而让机器人可以更好地理解所看到的景象。另一种被广泛使用的视觉传感器是事件相机，事件相机可以对局部亮度变化做出响应。与一般相机不同，事件相机只对"变化"产生反应而不会捕捉场景信息。事件相机通常在时间上有极高的分辨率，有很高的动态范围，并动态模糊率低。这一特性可以使特定的机器人用于捕捉高速移动的物体。例如，将事件相

模拟五官·Simulated Features

机搭载于机器狗上,机器狗因此获得了捕捉高速移动物体的能力。有了这一视觉能力的加持,机器狗便可以完成高速球的捕捉等更具有挑战的任务了。

◇ 触 觉 ◇

1. 触觉——常被低估的知觉

当人类的皮肤与外界接触时,我们可以感受到丰富的外部信息:物体的软硬、纹理、温度以及施加于其上的力的大小等。这一系列的信号构成了我们的触觉体验。人类几乎每时每刻都会用到触觉,但由于太过熟悉,我们反而忽略了它的重要性。我们很难通过简单的"闭眼"来排除触觉对我们的影响。瑞典于默奥大学的研究人员戈兰·韦斯特林和罗兰·S.约翰松招募志愿者进行了一次"皮肤麻醉"试验。试验中,志愿者们的皮肤被麻醉,导致他们产生麻木感,在确认手上的机械感受器无法将信号传输入大脑后,真正的试验开始了。研究人员要求志愿者抓取一系列的物体,但令人惊讶的是,尽管这些志愿者都可以清楚地看到目标物体和他们的手,却无法稳定地抓取物体,且整体的手部运动也变得不那么精确。另一个典型的例子是英国人伊恩·沃特曼因感染病而失去了身体中负责触觉和本体感受的神经元，导致脖子以下失去了触觉。在这种情况下，他摔倒在草堆上就无法重新站起来或是行走。他甚至无法在不看清自己的四肢的情况下完成可控的运动，有时甚至会不小心打到自己。这也充分说明了触觉既帮助我们与外部世界交互，也让我们感知到自己的身体运动。触觉几乎是每个人与生俱来的本能，当我们看到可爱的小动物时，总是忍不住去抚摸。人们总是希望在认知新事物时，不仅可以看到它的外观，还可以感受其触感。因此，当我们意识到失去触觉可能带来的严重问题时，也应该重视触觉对于智能体的重要性。

2. 机器人需要触觉吗？

机器人的触觉可以从人类的触觉中获取灵感。我们希望机器人能与世界交互，并获取各种物体的信息。例如，如果物体太软了，机器人就不要用太大的力气；如果物体很光滑，机器人就要抓牢以防脱手。如果我们进一步设想，机器人未来可能要与人类进行分工协作，一个拥有触觉的机器人可以更安全、更高交互性地与人类进行合作。它可以理解我们轻轻拍打它的含义，也知道握手是否握得太紧。

机器人的触觉能力大致可分为

> **如果一个机器人完全没有触觉，那么我们难以想象它该如何像人类一样拥有区分外部世界和自身本体的能力、对物体的操作能力以及和人类的交互能力。**

模拟五官·Simulated Features

三大类：感知引导动作、动作获取感知和触觉反射。在感知引导动作方面，触觉反馈可以有效防止机器人手部打滑造成的物体滑落。同时，触觉还能提供接触点估计、表面法线方向估计、物体位姿估计等信息，从而提升机器人对复杂物体抓取和操作的能力。富有质疑精神的读者可能在此处会质疑：难道我们不能使用视觉来完成这些任务吗？答案是当然可以，但前提是机器人的摄像头的误差被校准得很小，而且对物体的位置和姿势估计十分准确。但这样的条件是极为苛刻的，相比之下，触觉传感器能够在视觉模块不够好的情况下，通过触碰目标物体形成闭环控制系统，从而更好地完成任务。

在动作获取感知方面，触觉是机器人区分物体的重要信息来源。当机器人多次触摸或操作物体时，触觉传感器会传回一系列的触觉信号或数据。这些信号可用于推断物体的本征特性：如软硬、纹理、光滑程度、导热性能等。这些信息有助于机器人更深入地认识世界，并且让它建立起从视觉到触觉的联系。

在触觉反射方面，为了更加安全有效地与人类交互，机器人必须对产生物理接触的情况产生反应。尽管视觉信息可以在很大程度上辅助机器人达到这一目的，但触觉仍然是不可或缺的。例如，在环境存在遮挡或机器人无法自由移动摄像头获得全局信息的情况下，触觉反射能显著帮助机器人解决此类问题。在复杂场景中，如机器人需要扶着病人回到病榻上时，它需要找到合适的接触位置并感受到机器人身体和病人身体之间接触的力。如果发生紧急情况，也需要了解到病人特定的拍打、扭动等信息所要传递的要素，在这些情况下，机器人的触觉便显得尤为重要。

3. 机器人触觉传感器

既然机器人需要触觉，那么机器人的触觉传感器究竟应该放在哪里、又具有怎样的形态呢？直观来讲，机器人既需要内部的力传感器，也需要外部的触觉传感器。内部的力传感器就像人类的肌肉一样，能够向机器人反馈其内部运动所受到的压力。而外部的触觉传感器则更像是我们之前讨论过的皮肤功能，用于感知外部世界。然而，就像人体一样，触觉传感器的分布未必是均匀的。以人手为例，指尖的触觉接收单元会更丰富，而手掌部分则相对稀疏很多，所以指尖也往往能够提供更为精确的信息。基于此触觉也会被分为高精度触觉和低精度触觉。

受到人类皮肤的启发，一个理想的触觉传感器应该具备以下特征：该传感器应能测量纹理、力度、温度等多种信息，并且应以大面积或阵列的形式分布在机器人的表面。在对于执行任务至关重要的区域，应提升触觉的分辨率。在性能方面，触觉传感器最好可以对受力较为敏感，即使是微小的力也应该能产生反应。除了力的大小，触觉传感器还应能捕捉力的方向。

模拟五官 · Simulated Features

同时，传感器应能对接触和受力产生快速反应，就像人被触摸后能立刻做出反应一样，否则可能会造成一些重大事故。在面对相同的接触情况时，触觉传感器应能给出相同的信号，具有较高的可重复性。在形态上，触觉传感器可以选用柔软、轻便、具有弹性的材料来模拟皮肤，并且这一材料最好可以轻易地替换或再生，以确保传感器在与外界的大量接触中不会损坏到不可修复的程度。

然而，目前尚且没有任何一种触觉传感器可以完全满足上述所有要求，机器人学家仍然在研究新型触觉传感器的道路上不懈探索。在各种触觉传感器中，最为常见的是压力传感阵列，它们通常是由一系列的压力传感点组成，可以嵌入一层胶片或薄膜中，基于电阻变化、电容变化等原理，这些传感点可以感受到与其接触位置的压力，并将整个点阵的受力状况传输给计算设备。然而，仅仅提供一个力的点阵图往往无法满足机器人操作的需求。接下来，我们来看看两个更新型的触觉传感器。

麻省理工学院的爱德华·阿德尔森教授和他的学生们并不满足于传统的触觉传感器：他们认为触觉传感器应该可以捕捉更多的信息。因此，他们提出了 GelSight，一个基于光学原理能够捕捉被接触物体的形状和纹理的触觉传感器。GelSight 传感器的表面是一层经过特殊处理过的透明的弹性体。当物体与该弹性体表面接触时，该表面会被挤压扭曲变形，从而反映出被触摸物体的表面形状和纹理。为了捕捉这一信息，一个相机可以从底部进行拍摄记录，与此同时，光源会从不同方向照亮接触面。在获取了原始信息后，经过计算机处理，就可以恢复表面的深度信息，并且描绘出其三维结构。这样的结构与此前的压力传感阵列相比，不仅捕捉了深度信息，还显著提高了对接触面的分辨率。

　　GelSight 的出现为基于视觉和弹性体的触觉传感器开辟了新的道路，并引领了更多的相关研究。作者所在的清华大学团

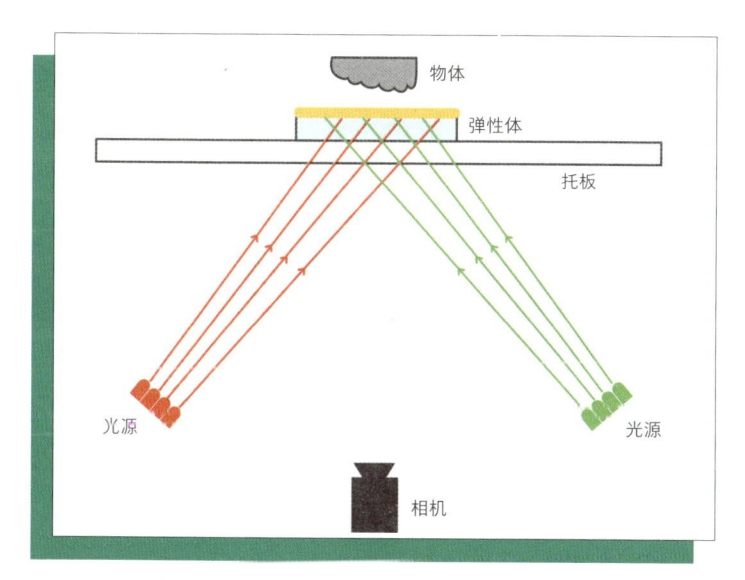

GelSight 原理示意图

模拟五官 · Simulated Features

队观察到 GelSight 对于光照的方向和均匀程度都有非常高的要求，这无疑增加了制造和调试的成本，也给整体传感器系统的稳定性造成了一定的风险，同时还加大了将此类型的传感器做成非平面形状的难度。因此，我们创造性地利用了半透明弹性体的反射特性来制作弹性体层。我们发现无须任何额外的镀层或精细的光源，当这些弹性体被压得更深时，会导致相机捕捉到的该区域颜色更暗。基于这一原理，我们制造了 DTact，这是一种坚固、低成本且易于制造的触觉传感器。与 GelSight 一样，DTact 可以通过弹幕摄像头精确测量高分辨率三维几何形状。由于其简单而有效的设计，在进行光的强度到深度的校准

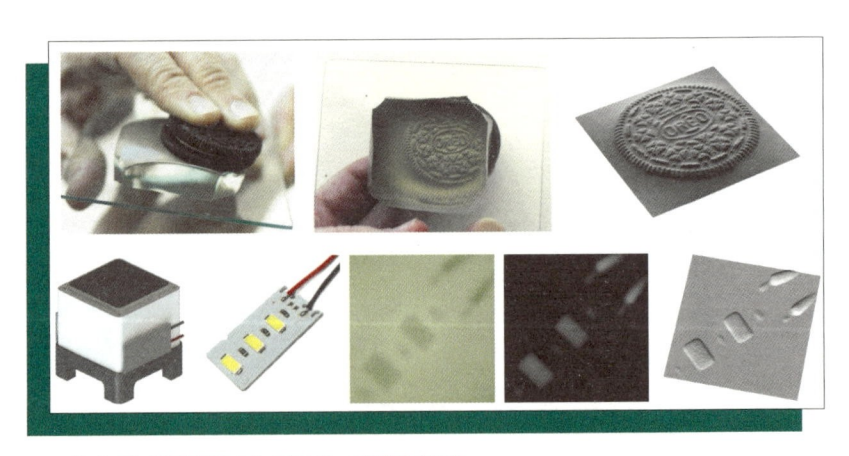

GelSight 传感器效果图（上）和 DTact 效果图（下）

时，DTact 仅需要一张基准图像便可以完成。而且由于原理特性所致，DTact 对光线稳定性的依赖非常低，因此即使在光线产生波动或表面被改造成特殊形状时，仍然可以获得跟原版传感器几乎一样的性能。在图中，我们可以看到 GelSight 和 DTact 收集到的触觉信号示例。

尽管 GelSight 和 DTact 可以有效地捕捉几何和纹理相关的触觉信息，但它们与我们人类皮肤可以捕捉的信息相比仍然相去甚远。来自清华大学精密仪器系的朱荣教授率领其团队创造了一个新型多层结构触觉传感器。

这一研究成果标志着机器人在触觉感知领域取得了重大突破，向着更加智能化、拟人化的方向发展迈出了坚实的一步。朱荣教授及其团队的四联触觉传感器不仅集成了多种感知功能，而且通过巧妙的结构设计实现了信息的精确采集与高效处理，为机器人提供了更为丰富和细腻的触觉体验。

在实际应用中，这种高度集成的触觉传感器能够显著提升机器人在操作复杂物体时的精度和效率，尤其是在需要精细操控或识别不同材质物体的场景中，如工业自动化生产线、医疗手术辅助以及日常生活中的物品抓取与分类等。通过模拟人类皮肤的触觉感知能力，机器人能够更好地适应环境变化，提高作业的灵活性和可靠性。

展望未来，随着材料科学、微电子技术以及人工智能算法

模拟五官·Simulated Features

的不断进步，触觉传感器的性能将进一步提升，成本有望降低，从而推动触觉技术在更多领域内的广泛应用。研究者们将继续探索如何使触觉传感器更加智能化，比如通过深度学习算法优化数据处理流程，使机器人能够自主学习并理解不同触感背后的物理特性和意义，进一步提升机器人的环境适应性和决策能力。

总之，触觉传感器作为机器人感知外界环境的重要工具，其技术的持续进步将为机器人的智能化发展注入新的活力。从基础的力反馈到复杂的多模态感知，触觉传感器正引领着机器人技术迈向一个更加广阔而深入的探索时代，让我们共同期待未来机器人与人类在触觉感知上的深度融合与协同发展。

4. 触觉加持下的机器人进化

假如我们真的给机器人装配上触觉传感器，它们会变得更强大吗？来自美国加利福尼亚大学伯克利分校的罗伯托·卡兰德拉博士就这一问题进行了深入探讨。在他的论文《成功的感觉：触觉传感器是否有助于预测抓取结果》中，他回答了触觉传感器是否有助于提升物体抓取成功率的问题。研究人员们采用了一种端到端的机器学习方法用于预测抓取成功率。在这一框架下，研究人员融合了视觉和触觉两种模态，并通过一系列的实验有效评估了每种模态的重要性。研究人员选用的触觉传感器正是我们前文所提到的 GelSight，因为它提供的高分辨率图像非常适合于预测，并且也更容易整合进统一的机器学习框架中。如果仅停留在预测成功率层面，那么在卡兰德拉博士后续的一篇名为超越感觉：利用视觉和触觉学习抓取与重新抓取"的文章中，研究人员则是利用触觉切实地提升了抓取的成功率。研究人员在这项工作中，研究了如何将触觉融入一个交互式的物体抓取系统中。按照这一思路，他们让机械手首先尝试去抓取物体，尽管最初的抓取可能并不牢固。但机械手并没有直接将目标物体提起，而是根据触觉的反馈调整其抓握的位置，以达到最可能成功抓取效果。整个过程可以形成自洽的循环：无论抓取是否成功，采集到的数据都可以用于进一步提升机器人对抓取姿态成功率的判断能力，从而使其更大程度地自主学习。

进一步思考，机械手在抓取起物体后是否还能实现操控物体的功能呢？就像很多人在学生时代会努力学习转笔技巧一样，在机器人拥有具备触觉之后，我们也期待它能玩转手上的物品。来自加利福尼亚大学圣地亚哥分校的王小龙教授团队，正是进行这样的研究。

他们提出了一种新的灵巧操纵系统设计及其匹配的机器学习范式，使机械手在仅依赖触觉的情况下，能将手中的物体旋转到指定的姿态。为了完成这项任务，机器人甚至不需要安装极为复杂的触觉传感器，具体来讲，这套硬件仅采用了 16 个低

模拟五官·Simulated Features

成本的力敏电阻作为触觉传感器。更为神奇的是，整个系统的训练过程都是在仿真环境中完成的，但训练后得到的控制策略却可以直接应用于真实的机械手上，并且这种控制策略还可以泛化到从未见过的物体上。这究竟是如何实现的呢？让我们来看看他们的具体设置。

在硬件方面，研究人员在 XArm 机械臂上搭建了 Allegro 机械手，并将触觉传感器覆盖于手掌和指尖上。同时，他们使用 STM32 单片机采集每个触觉传感器的模拟电压信号，然后将处理后的数字信号发送给主机。虽然这些触觉传感器能够输出连续的接触力测量值，但信号往往是非线性的，甚至包含噪声。因此，研究人员们对这些信号进行了二值化处理，从而降低了仿真环境和真实的机器人之间的差距。

在仿真环境的选择上，研究人员们采用了英伟达开发的 Isaac Gym 来训练机械手操作系统。随后，他们便可以在仿真环境中利用多种域随机化技术来改进从仿真到真实世界的策略迁移了。首先是物理属性的随机化，包括物体的初始位置、质量、形状和摩擦力等，以确保所学策略能够应对不同种类的物体。其次，研究人员们还将比例-微分控制器的增益进行了随机化处理，以更好地应对现实中控制器可能遇到的不稳定性。此外，研究人员还对所有的触觉点阵进行了随机化处理，即以一定概率对 0-1 信号进行翻转，并引入不同的延迟，以更贴合现实中的信号传输情形。最后,他们还将小幅度的白噪声加入控制算法的输入和输出之中,以增强学习到的策略的稳健性。在完成了上述一系列的技术细节后,机械手终于可以灵活转动各种物体了!

◇ 听 觉 ◇

正如我们在初中物理课堂上学到的那样,声音是由以一定频率振动的物体产生的,这样的声波信号被人耳接收后,便成为我们最熟悉的声音。声音的原理虽然简单,但其影响却十分重大。正是因为声音仅通过振动产生,动物们才得以通过捕捉声音信息进行定位和捕猎。对于人类来说,早在远古时期,便已经有"骨哨"等乐器出现,这意味着人类可能已经开始利用声音来传递特定的信息。到了西周时期,礼乐制度被用于维系社会等级,当时的人们已经具备了创造和欣赏音乐的能力。时至今日,尽管社会发生巨大变迁,但声音却一直扮演着类似的角色:我们通过声音和语言与其他人交流;通过聆听周围的声音来判定方向;通过声音的音色和音调来识别发声物体的种类;同时,我们也会欣赏特定频率的声音以获得美的体验,这类声音通常被称为音乐。

就像前面的视觉和触觉一样，人们也一直在尝试赋予机器"听"的能力。其中最为知名的发明便是声呐系统，它利用声波在水下传播和反射的原理进行水下探测。有了声呐系统，即使在无法直接看到的远方有障碍物，也可以准确地测量出与障碍物之间的距离。然而，尽管声呐系统具有强大的功能，但其目的仍然以测量为主。那么对机器人来说，声音又能带来什么用途呢？

在广义的机器人定义中，机器人可以完成语音识别、声源定位、声纹识别、环境声音检测、音乐和语音生成等任务。然而，当提到真正意义上可以与人类进行交互的机器人时，有很多的读者可能会想到对话机器人。它们能像人类一样听懂人们的话语，并作出相应的回答。在人工智能技术蓬勃发展的今天，一般场景下的语音识别已经不再是难题。我们可以想象这样一个流程：首先，就像在微信上一样，语音可以轻松地转换成文字；然后再使用像 ChatGPT 这样的技术进行对话；最后，再用音频合成技术将文字转换回语音。

尽管这样的机器人在技术上已经不再困难，但是如果想让它真正融入日常生活仍然面临着诸多挑战，其中的一个挑战就是"鸡尾酒会问题"：在酒会等嘈杂的环境中，当你试图与某个人交谈时，周围的嘈杂声让你很难听清对方的声音。对于机器人来说，这个问题在现实生活中很常见，例如，在餐厅，机器人需要从众多的聊天声音中准确识别出到底是哪一位顾客在点餐。

　　为了解决这一问题，研究人员们已经尝试了很多种方法：一种方法是使用麦克风阵列来捕捉声音，并利用信号处理技术分离出不同的声音源。另一种方法则是结合语音识别和自然语言处理技术，为用户提供个性化的声音信号处理服务。这种方法可以通过用户的语音输入或其他输入信号（如手势或文本）来确定用户需要听的声音内容，并将其过滤出来。但可以想象的是，这样的方法往往只能在特定场合下使用，如果我们希望通用机器人在酒会上和大家交谈，问题又该如何解决呢？这个问题至今也没有完全被解决，但一群来自得克萨斯大学奥斯汀分校的研究人员发明了一种新的视听语音分离方法：他们利用说话者的面部表情作为分类相对应声者的额外条件。也就是说，如果单纯通过语音来判断谁在说话对机器人来说太困难的话，那么可以结合视觉信息，观察每个说话人的面部表情和动作，以更好地完成这一任务！

　　当然，既然声音对于我们来说不仅用于对话，那么我们仍然想探索声音可能给机器人带来的其他可能性。例如，研究人员们在更细致的研究领域，会去探索机器人是否可以像人类一样去抓取或者称量一些颗粒材料。他们发现颗粒材料在被操作时会产生机械振动，并通过空气和结构体传递成声音。这些振动的性质往往和产生它们的物体材料的固有属性相关。因此，

模拟五官 · Simulated Features

机器人可以利用颗粒材料的碰撞产生的音频振动来估计数量、重量以及材质。这一思路非常清晰明了，但是如果真的想让机器人具备这些能力，则需要具体的工程实现。研究人员们首先选用了 Rethink Robotics 公司设计的 Sawyer 7 自由度机械臂，并增设了一个 3D 打印的塑料铲子来操作颗粒材料。他们在铲子的背后放置了一个接触式麦克风用于收集声音。在架设好硬件之后，他们又让机器人收集了一个包含 5 种不同颗粒材料的数据集，并在数据集中收录了摇晃和倒入这些颗粒材料的音频信息。具体的采集过程像超市或花店员工的日常工作：将一个装有颗粒材料的桶放在机器人面前，整个桶的重量都放在两个天平上；机器人从桶中铲取随机数量的颗粒材料后再倒空铲子；然后交替进行摇晃和倒入动作。研究人员们根据密度、质地、均匀性、内聚力和结构特点等因素，具体选取了咖啡豆、巴斯马蒂米、意大利面、泥炭土和塑料珠等颗粒材料作为研究对象。在数据收集完毕后，他们将收集到的声音展开成频谱图，并且在频谱图或原始声音信号上分别尝试了用线性回归模型、卷积神经网络和循环神经网络将声音信号映射到物质的质量或其他属性上。如此一来，机器人便可以通过摇晃铲子并聆听声音来获取物体的一系列信息。我们不难想象这样一个场景：在花房里面有一个机器人园丁，它只需靠"耳朵"就能帮你称量 1 千克泥炭土来栽种花卉。

走向"五感"自然交互时代

机器人正在拿着铲子盛泥炭土

◇ **味觉与嗅觉** ◇

对于动物来说，嗅觉和味觉是它们获取食物、规避危险的重要信息来源。以味觉为例，有研究表明，味觉的感知与食性密切相关，在漫长的进化历程中，味觉受体基因会协助动物选择自己的食物。例如，一部分食肉动物的甜味受体基因已经丧失功能性。另一个更为常见的例子是，即便在目标已经脱离视野，犬类依然能够依靠嗅觉进行导航，完成追踪任务。人类的嗅觉系统和味觉系统更是至关重要它们不仅可以帮我们回避有毒气体或腐坏的食物，还给我们带来更多美的体验：当我们打开一瓶香水，将会闻到一阵芬芳，随着时间的推移，我们甚至可以感受到气味的微妙变化；当我们美餐一顿时，我们的味觉不再仅仅帮我们选择食物，而是让我们更好地品味每种食材的独特滋味。

那么机器人需要嗅觉与味觉吗？事实上，基础的电子鼻早已经被研发出来。一般的电子鼻主要包括三个核心部分：样本传送系统、检测系统、计算系统。样本传送系统将需要检测的气体分子注入电子鼻内部。此后的检测系统将会让待测试的气体与电子鼻内部的化学物质发生反应，并测量其特性的变化。通常来说，电子鼻的内部是一个化学物质阵列，特定位置的化学物质会与特定的分子产生反应，从而可以将气体以数值阵列的形式记录下来。当然，也有一类特殊的电子鼻也会采用克隆生物体内的蛋白质的方式，用于构造此种阵列。而在众多的嗅觉传感器的研究中，以色列特拉维夫大学的一项新技术开发使机器人能够使用生物传感器来嗅闻气味。在这项新研究中，研究人员成功地将生物传感器连接到电子系统，并在机器学习方法的支持下，实现了比常用电子设备高 10000 倍的气味识别灵敏度。这样，机器人就像是拥有了鼻子一样，未来可以用于识别爆炸物、药物，乃至疾病。令人惊讶的地方是，这个机器人的"鼻子"和相机或者触觉传感器截然不同，它采用了类似蝗虫触须的仿生技术来感受气味，并且将信号转化为电信号。本·毛兹博士是这一工作的主要成员之一，当被问及为何要采用这类生物传感器时，他解释说："人造技术仍然无法与数百万年的进化相抗衡。我们尤其落后于动物世界的一个领域就是嗅觉。"这样的例子并不难找，在乘客安检时，尽管可以用 X 射线扫描行李箱内的情况，但如果为了排查毒品则仍然会需要缉毒犬的帮助。放眼整个动物界，昆虫又是极为擅长处理感官信号的，一只昆虫可能检测到空气中二氧化碳的细微变化，这是电子设备无法比拟的。

> **将生物感官连接到电子设备上，不仅可以捕捉气味信号，而且灵敏度还要远远大于人类利用化学原理制造的"电子鼻"。**

与之对应的味觉传感器或者"电子舌"也已经取得了一定的技术成果。其原理类似，电子舌上面也采用了一系列的化学传感器并排布成阵列，用于与不同的物质产生化学反应，只不过这一次是与液体而非气体进行反应。这样的电子舌可以用于不同的食品工业中。例如，如果你买了一瓶茅台酒，但品尝时却觉得和超市里廉价的散装酒无异，这时候你可能有疑问却无从求证。如果有了电子舌，便可以有效地检测里面的化学物质是否满足"陈酿"的要求。现在，有部分黑米醋、挂面、黄酒等食品制造商已引入电子舌用于食品质量监控，而这些企业也因保持甚至提升了良好的口味，从而赢得了大众的青睐和更多的利润。总之，电子舌可以替代人类通过检测内部化学物质来"品尝"的味道。

到目前为止，基于"化学反应"的嗅觉和味觉在人工智能机器人上的应用尚不广泛。深入分析其中的原因，主要包括以下两点：第一，抛开特殊的生物传感器不谈，电子嗅觉和味觉传感器通常只针对物质进行检测，而非产生真正的"感觉"，人的感觉随化学物质的变化规律而不同，这一点至今没有明确的规则可循；第二，被检测的气体或液体往往具有特殊性，例如，当若干种液体被混合后，其味道可能变得难以捉摸。因此，让机器人拥有和人类一样的嗅觉和味觉仍然是一条尚未完全明朗的路。但我们不妨设想，如果真的可以让机器人配备上如同人类一般的"鼻子"和"舌头"，那么机器人们除了可以完成之前我们提到的各项任务，它们更有了融入人类社会的全新契机。

回到开头的场景，或许在不远的未来，机器人会成为陪伴你、最懂你的人！

走向"五感"自然交互时代

Man of Steel —

5

那是最冷的冬天里最冷的时刻，但他必须出门。

水管冻裂了，地面结了层冰，几个孩子用纸壳做成简易雪橇，在冰面上滑来滑去、大喊大叫。此时，他们全都停了下来，有些担忧地看着他。

"不能走！"年纪大点儿的孩子尖声喊道，"好多人滑倒！"

他对孩子们的说法将信将疑，试探着踏上了冰面。他就是这样的人，永远对局势毫无概念。对自己鞋底的防滑程度也毫无概念。

他摔倒了，当然。并没有很疼，他慢慢站起来，在孩子们的搀扶下穿过院子，打车去医院，用绷带把脚踝全部包裹住。

按照医生的说法，他最好居家休养一周。但他必须出门了。

等他赶到抚摸所，已经是晚上7点多。门口的广告牌在灯光的照射下越发醒目了，上面画着那双手，还配有4个闪烁着的大字："拂落尘埃"。

他拄着拐杖挪进大厅，排到队尾，安静等待着。

半年前，他正在努力求职，好不容易熬到了最后一次面试环节。

钢铁之躯 · Man of Steel

　　面试官很是健谈，喜欢东拉西扯，刚开始面试就向他介绍了半天公司附近的美食街，临结束前，又顺嘴问了句他是否接受过抚摸治疗。那时候，他日子过得紧巴巴，分不出任何心思给这种新兴的娱乐活动。"太忙了，没预约上。"谎话自然而然地从他嘴里流出来，面试官自然而然地帮他预约了一家高级抚摸所，就约在了当天晚上。他甚至没换衣服就赶过去了，西装革履的，背上都是汗。

　　"它抚摸过几千万人了。"前台登记员看出了他的紧张，主动安慰道，"肯定能找到适合你的模式。我们自己也用，家人也用，人人都觉得好。"

　　宣传册里详细介绍了这台机器。其原型是某种医用压感模拟器，研究员发现它另有功效：被它轻抚后的人先是会痛哭不止，继而在接受抚摸一个月左右的时间中，失去心理意义上的"恐惧感"，变得心平气和，乐观积极，身心健康。

　　他推开金属门，坐在固定座椅上。随着一阵嗡鸣声，那台长着手的机器逐渐移向他。在他的想象中，这双已经抚摸过几千万人的手应该粗壮有力，长着老茧，或娇嫩纤细，宛若柔荑。它应该有什么特殊之处。

　　然而，这只是一双普通的手，普通的尺寸，普通的小麦色皮肤，让他觉得眼熟。去银行办理业务时，就是这样的手递给了他单据。在公司加班时，也是这样的手在他邻座的键盘上敲写周报。他曾无数次被这样的手触碰过,他从未因触碰而改变。

两只手合拢起来,鼓了鼓掌。是在鼓励他?还是在吸引他的注意力?

和日常人与人的交流不同,此时没有语言,没有表情,只有这双手。他便试图从这双手上看出点什么。左手的手指朝他勾了勾,又点了点右手摊开的掌心。他揣摩着手的意思,把自己的手指按到那片掌心上。

一种柔软的感觉从他指尖蔓延开来,带来轻微灼痛。他似乎正在不断下沉,沉入梦境,无法思考,无法动弹。

对抚摸治疗的原理,各人有各人的说法。对抚摸治疗的效果,大家倒是达成了共识,觉得它确实能消除掉人们内心的恐惧感。他听说过很多例子,经过抚摸治疗后,害怕走夜路的邻家小姑娘,天黑出去扔垃圾连手电筒都不拿了;恐高的同事去团建,连续坐了三次过山车。

然而,对他而言,这些神奇效果都没有出现,抚摸只是抚摸。

结束治疗后,柔软与灼痛之感也就消失了。他走出抚摸所,不觉得自己像广告中形容的那样,"心无尘埃,身轻松"。他没有变成一个更好的人,没有更勇敢,依旧为工作中的各种琐事而发愁:入职新公司后,有太多的东西要重新适应。在内心深处,他觉得自己身上有东西被"偷走"了。不是"拂落",是

"偷走"。可能是偷走了他的智商和他口袋里的钱吧。

他连续治疗了3次，想要对主管的热情推荐有个交代，其实心里早就盘算着找理由抓紧停掉这项治疗，或许可以声称自己对人造皮肤过敏，或者可以编造自己患上了"肢体接触厌恶症"？这种疾病才被发现时还占据过一两次热搜榜。据说那些患者之后再也无法忍受他人的触碰，不得不用防护膜覆盖住身体大部分皮肤。

到了第四次治疗时，他发现自己竟然喜欢上这种感觉，喜欢茫然无措地坐着，像一颗珠子般被一双手温柔地摆弄。那柔软的灼痛是无数个问句，一次次询问他什么才是恐惧。他从来回答不上来这种问题，但回答不上来也没关系。

整个治疗理所应当地持续下去。有几次，在走廊里遇见了公司同事，估计他也是被主管推荐来的。两人相视一笑，没有多言，默契地守护彼此的秘密。他没有告诉同事，那只手好像模仿了他们主管的动作——温暖有力，高高抬起，然后重重地拍在他的肩膀上，仿佛在承诺一个光明的前程。还有一次，他和那手玩起了游戏，手出了剪刀，他出了包袱。手得意地挥动起来，两根指头来回张合，轻轻夹住他手掌。这让他想起了小时候，父亲陪他玩时也喜欢这么做。一想便是一惊，因为他已经很久没有想起过父母了。

手确实改变了他，效果显著。

所以，当医生提出要帮他更换一只手时，他也没有直接拒绝，反而觉得这个想法合情合理：是啊，如果将抚摸治疗用的手移植到自己手腕上，他就可以随时抚摸，随时接受治疗，随时感受到疗效。

那是最冷的冬天里最冷的时刻，他还是出门了。

他拄着拐杖走入诊疗室。医生测量着他的左手：宽度、长度、面积、温度和握力，甚至指围。做完手术，他醒来后就会拥有崭新的左手。

手术前需要签署知情协议，医生向他解释了各项条款，他终于忍不住问了那个困惑他很久的问题：为什么抚摸治疗对他不起作用。

"很多人都会误会，"医生说，"其实抚摸治疗不能消解掉所有心理恐惧，只能处理最严重也最深层的心理困扰。"

"但它根本没起作用。我之所以同意换手，只是因为这款智能手摸起来还挺舒服的，仅此而已。它并不具备任何特殊功效。"

"你再仔细想一想？"医生说，"可能你还没察觉到它的效果。或者我可以使用一种仪器来抵消一下抚摸治疗的效果，你感受一下。"

几枚电击贴被放置在他手腕内部，抵消仪器非常有效，因为一股猛烈的恐惧感袭击了他。所有曾经被努力压制、几乎被遗忘的恐惧重新涌上心头。他想起了那个山摇地动的夜晚，房屋碎裂，那是七级地震，他想起他失踪已久的父母，只是失踪了，不是遇难了。他想起了自己第一次接受抚摸治疗时，不是面试当天，而是在十五岁那年，躺在医院病床上。那是国内首台长效抚摸机的试验阶段，仅对未成年人起作用。无穷无尽的尘埃再次落回他身上，被拂落的尘埃再次回归。

"还好吗？"医生说，"只是抵消了10%的效果，应该不会太难受。"

"没事，"他说，"是因为我刚崴了脚。脚踝疼，有点儿分心了。我是不是应该等脚好了再来？等我调整到最佳状态，适应起来应该会更快。"

"当然，"医生说，"你随时可以反悔。"

"不反悔，只是因为崴了脚。"

"当然。"医生笑了。"或者你也可以把脚一起换掉。"

"好的，"他说，"看来早晚我们都能把整个身体换掉了。我们还可以制造出人造人，把所有东西都替换掉，把所有东西都变成新的。"

他走出诊室，双脚发软，不得不倚靠在走廊墙壁上。一个熟悉的面孔从他旁边经过，好像是隔壁工位的新同事。他抬起手打了个招呼，女孩停下来，狐疑地看着他。原来是个陌生人，只是和同事长得有点儿像而已,鹅蛋脸,薄嘴唇,眉毛轻轻扬起,脸上永远带着对世界的好奇。女孩的左手被纱布紧紧裹着,应该是刚做完移植手术。

"晚上好,"他没话找话地问,"手术疼不疼?"

"跟你没关系,"女人回答道,"管好你自己。"

于是他不再询问,他继续倚靠在坚实的墙壁上。他突然想起来自己把拐杖落在了刚才的诊室,但此时他不想回去拿了。他只想回家。

钢铁之躯 · Man of Steel

机器人的末端执行器

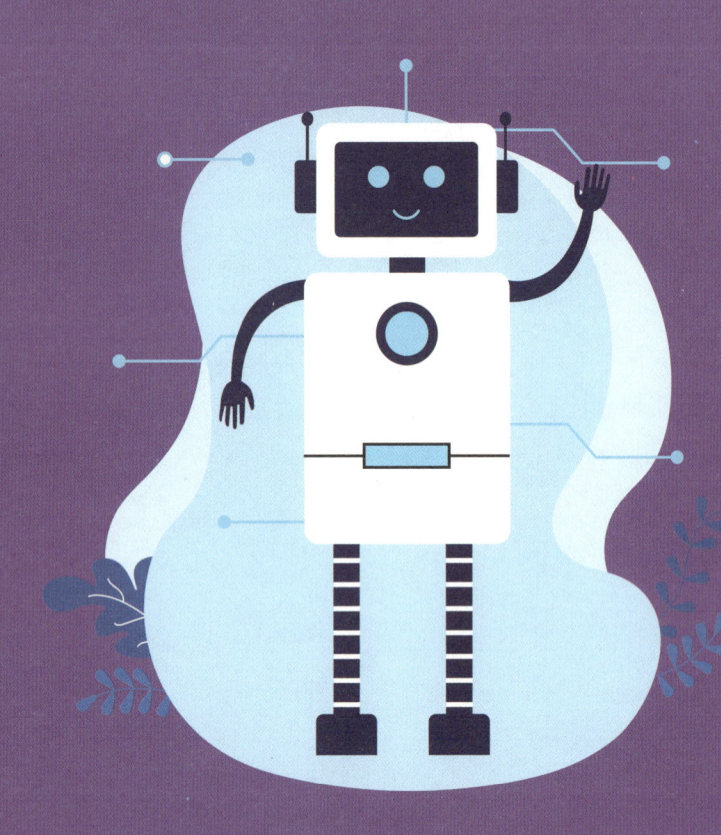

The End Effector of The Robot

当我们远距离观察一个机器人时，很容易将复杂问题过度简化：如当谈论如何操作物体时，我们常常误以为仅仅是用手拿起或放置某物。但当我们深入思考人类的灵巧双手所能完成的任务时，便会发现机器人操作实际上需要协调手指和手掌的动作，需要考虑物体的姿态和特性，以执行极为复杂的精细操作。手指弯曲、折叠，划出轻盈的弧线，转动手中的笔，或者拇指与其他手指相互配合搓捻一些细小的石子⋯⋯这些动作体现了人类独一无二的天赋，是灵长类其他成员无法完成的。这种能力不仅让我们能够完成简单的物品搬运，还能制造出复杂的艺术品。对人类而言，双手的操作既是实用的技能又是一门艺术。但在更深远的意义上，双手是人类使用工具的开端（这意味着人类的存活率大幅度上升），也是婴儿学习能力的重要基础。在思考如何设计机器人的"手"之前，让我们先来探究一下人类的双手可能经历了怎样的进化过程。

◇ 手的进化史 ◇

人类双手的进化起源可以追溯到大约 200 万年前。科学界对约 180 万年前"能人"的手骨碎片特别感兴趣，尽管"能人"是不是人类真正的祖先尚存争议，但无可否认的是，这些手骨碎片的发现意味着早在当时，手部就已经出现了相对较长、灵活稳定的拇指。这些早期人类的手的潜能还远远没有被完全开发，但他们已经可以用一个石块敲打另一个石块，制造出锋利的石制工具。这些工具让弱小的早期人类可以在其他肉食动物饱餐一顿后，迅速地把粘连在残骸上的肉切割下来。研究人员猜测，我们的祖先正是靠这种觅食方法开始食用肉类的，这也进一步增加了蛋白质的摄入，促进了人类身体和大脑体积的发育。

此外，在现代人类交流中，"手"依然扮演着重要角色，传播者的手势语言往往比口头语言更容易引起受传者的关注。手势语言在传递信息的同时也能表达情感。科学家们认为手势语言和口头语言一起迭代发展，创造了越来越复杂的交流形式，并且互为补充和支持。人类与猩猩等"近亲"相比，人类使用的手势语言具有高度的复杂性和社会属性。最初的手势语言可

机器人的末端执行器

能仅用于表达自我利益，但逐渐被广泛用于分享经验、意图、兴趣和规则。有人可能会问，"虽然手非常好用，但好用的部位就只有手吗？"又或者"为什么人类会不多不少拥有 5 根手指呢？"在遥远的过去，地球上存在许多多趾四足动物，不仅是 5 趾，甚至是 7 趾、9 趾。所以对人类来说 5 是一个幸运数字吗？

> **人类的手成了世界上最通用的"操作器"，那么机器人究竟需要怎样的末端执行器？**

在科学界对这一问题尚无定论，或许 5 根手指是最适合肌肉控制的系统，能够完成复杂的精细操作。

与每个人类个体需要应对所有事件不同，尽管理想的机器人具备通用智能，但常见的工业机器人只能执行单一的任务。以农业采摘为例（如草莓采摘），我们脑海中浮现的场景可能是一只手轻柔地扶住草莓，另一只手扶住茎部摘下草莓，或者用指甲折断茎部。这些对人类来说轻而易举的操作，对于机器人来说却十分困难，所以机器人只能另辟蹊径，使用一个敞口的吸盘当作它的"手"，在吸盘的开口处安装锋利的刀片切断草莓茎，然后草莓自然被吸入管道送入果仓。这样的设计简单而有效，如果机器人只需要重复地完成单一任务，类似的设计理念就足以应对。这种情形还有：超市里抓取薯片使用吸盘；厨房里抓取杯子使用平行夹爪；拧螺丝使用可 360 度旋转的螺丝刀。也许你已经发现，对于单一任务，只需要借助人类工具并将其装到机械臂的末端即可。

当然，人们不会满足于只有"一技之长"的机器人，而是致力于研发通用机器人。为了让机器人可以应对更多、更通用的任务，人们尝试了两种方法，一种是"可换工具组"，另一种则是备受期待的"机械手"。

可换工具组将末端控制器设计成可更换的各种工具形态，机器人只需要在特定任务下选择最合适的工具并进行操作。这一方案的通用性来源于多样的工具。例如，为了让机器人完成"包饺子"这一挑战性任务，他们选择 3D 打印可换工具组的方法。研究人员们分别打印了刀片、擀面杖、按压板等工具，这些工具可以轻易地被机器人抓取和替换。在有了这一系列的工具后，机器人通过少量数据学习了使面团形变和各种工具的交互规律。有了这样的理解，机器人就能可以像人一样包饺子。

虽然包饺子是一个难度较高的机器人操作任务，但其工序却相对简单。如果我们希望机器人在超过一百个任务上都能发挥作用，那么这一方法显然会带来巨大的工程挑战。想象一下，仅是在桌上摆放工具就是一项艰巨的任务，而"机械手"则成了解决这一问题的关键。它就像人一样，不仅可以使用各种末端工具，而且本身就可以操作各种各样的物体。因此，如果能够使用"机械手"，那么机器人的通用物体操作问题将得到极大解决。

在控制"机械手"之前，机器人首先需要一套好用的硬件。

机器人的末端执行器

评价一双"机械手"往往要从自由度、载荷、精度、可靠性、价格等多方面出发。暗影机器人公司推出的"暗影机械手"是最知名、最精巧的"机械手"之一。它不仅在大小和形状上与人手极为相似,而且能够完整重现人手的所有自由度。"机械

OpenAI 公司的"机械手"转魔方项目

手"的每一个关节都集成了传感器,用于读取位置、速度、力反馈等信息。"暗影机械手"因为其出色的灵巧性和操作能力,被海内外许多知名公司或实验室用于"机械手"的研究项目,其中包括了OpenAI公司的"机械手"转魔方项目。那么暗影"机械手"如此强大,是不是人人都应该拥有呢?很显然,我们在享受其灵巧性和高自由度时,也不得不承担其高昂的价格,接近七位数的价格充分体现了高质量机械手的设计和制造难度,也让大部分的"机械手"研究人员或爱好者望而却步。我们是否可以在保持其灵巧性的基础上,拥有更简化的设计和更低廉的成本呢?

有研究人员发现,人类的无名指和小指共同为手掌提供支撑力,而灵巧性则主要来源于食指、中指和拇指。恰巧"机械手"和人类手掌的区别之一便是其硬件的强度并不符合生物学中的肌肉强度,换言之,五根手指都足够强劲有力。在这样的理念启发下,沃妮科机器人公司设计出了阿莱格罗"机械手"。这一款"机械手"最显著的特征是去掉了第五根手指,只保留了四根手指用于操作,即将功能性较弱的无名指和小指合并至第四根手指用于提供支撑。这样的设计不仅没有减弱"机械手"本身的负载能力,而且使其轻巧和便携,售价也更加亲民。因此,在许多实验室和公司里,这款性价比较高的阿莱格罗"机械手"成为研究人员的新宠。

机器人的末端执行器

阿莱格罗"机械手"

　　当然，除这些面向研究人员的商业化"机械手"以外，还有一群热衷于创新的人，渴望做出更有用、更有趣的"机械手"。他们利用多材料3D打印技术设计出了复杂的被动结构，这一结构在机械臂驱动下可以以不同的形式和风格演奏钢琴，而这样的能力是刚性"机械手"难以比拟的。当然，软骨骼"机械手"是"被动的"，即其每个关节的运动并不可控，而是通过手臂的运动来带动。那么，如果手部不受控制，我们该如何使用呢？这就是该软骨骼"机械手"的特色：它采用了各向异性的刚度系统。更具体地来说，研究人员们设计和构建具有各向异性刚度的系统，模仿骨骼间的相互作用和韧带的组合，抛弃了传统刚性机器人系统中通常使用的销连接，从而使这些结构可以根据应用的激励和环境交互表现出各向异性行为，并可以配合条件模型进行操作和控制。为了将这一切实体化，研究人员们从包含骨骼、韧带、肌腱和肌肉在内的人形手和手腕的计算机辅助设计（CAD）模型出发，去除机械手的肌腱和肌肉，只留下被刚性骨骼和更柔软的韧带耦合形成的被动系统。其中，环绕指关节的韧带（侧副韧带）被改进，以提供更好的稳定性和韧性。研究人员们采用了新型的多材料 3D 打印技术，这一技术可以在保持高准确性和可重复性的同时，混合多种材料从而打印出耐用且满足"手"这样复杂结构、多种物理性质耦合的需求。当然，整个过程并不简单，整个打印过程需要大约 10 小时，还需要额外的 4 小时来依靠机械或化学手段去除支撑材料。完成 3D 打印后，便可以将手部连接到 UR5 机器人臂上，以实现手腕操纵和控制。

◇ "机械手"控制 ◇

经过之前的介绍，相信你已经精心挑选了一双功能强大、性价比高的"机械手"，那么，接下来如何让它动起来，实现我们的目标？我们不妨先听听专家们的见解。来自麻省理工学院的机器人学家谈及"机械手"控制的方法时表示："在'机械手'控制领域，我所知的一切传统控制方法都已经失效"。这足以说明控制"机械手"去操作物体并非易事，之所以对传统方法来说极为困难，是因为它需要多个手指之间的协调运动，导致动作空间维度极高。机器人必须精准控制施加的力量大小、施加力的时机以及手指和物体接触和分离位置。连续和离散决策的组合也是一个具有挑战性的优化问题，其通常被转化为混合整数规划。

如果你不能理解其中的具体原理，我们不妨让"机械手"完成一项任务：转保定铁球。可能你一时没有反应过来什么是保定铁球，但我保证你一定见过它，在公园里、马路上、大树旁，老爷爷手里不停旋转着的两个沉重的钢球。这一任务在机器人学习领域已经成功完成。当然，除了转保定铁球外，研究人员们也探索了转方块、转笔、转旋转阀等更常规的任务。为了实现转保定球的任务，他们采用了基于模型的深度强化学习的框架，期望通过建模的方式学习一组参数来接近真实的物理动力学模型，当接近得足够好时，便可以通过这一模型产生一系列的虚拟数据或想象数据，从而提供给强化学习算法进行优化。在这一框架下，研究人员们使用深度神经网络模型来进行动力学建模，使模型有足够的能力来捕捉精细操作中涉及的复杂交互（普通的高斯过程或线性模型很难学习这样复杂的数据）。研究人员们吸纳了大量前人的工作经验，在了解到大型神经网络权重中的认知不确定性的重要性后，让神经网络在输出预期未来状态的同时，也将其不确定性输出。这样模型可以避免过度拟合训练集的问题，从而缓解模型将学到的错误进行外推。换言之，我们希望模型能够自己领悟到在哪些类型的数据上它学习得很好，在另外的一些数据上却不确定。与无模型的方法相比，这种监督学习设置更有效地利用了数据，因为每个状态转移数据中获得密集的训练信号，并且我们能够利用所有数据（甚至是离线数据）来进行训练。在获得了模型之后，研究人员们采用了经典的模型预测控制算法来进行动作规划。最简单的方法是"随机射击"，即让机器人随机地选取多个可能的动作序列，在确定奖励函数后，配合前面学习到的动力学模型来进行向前预测，并且根据预测结果选择最好的一条动作序列执行，如此循环往复即可。如果这段描述过于抽象，大家可以想象这样一个过程：在一个雨天，你想要跳过一个水洼，你在脑海中演练了许多种方案，一个箭步越过去或者找到一些水浅的区域走过去，又或者立定跳远跳过去，如果你把自己"奖励函数"定义为尽可能不被水溅到并且要顺利过去，那么你便可以在脑内模拟整个过程并大致选出一条最优路线，最终沿着最优路线执行。在执行一步或几步之后再决定是否要改变计划重来这一过程。

当然，为了让"机械手"真的完成上述任务，研究人员们采用了更优的交叉熵方法。该方法源于随机射击方法，但是在每次迭代中不仅选择当前最好的动作序列，而是选择得分最高的若干个动作序列，并根据它们的统计数据获取一个新的分布函数，并依托这一分布函数进行再次采样。这一操作可以进一步提升动作规划的稳定性和最终性能。虽然交叉熵方法是比随机射击更强的方法，但它仍然存在随着维度的增加而难以扩展的问题，并且在需要高标准精度的情况下很难应用。因此，研究人员们考虑了协方差并使用更柔和的更新规则，更有效地将更多的样本集成到分布更新中。这样，便可以不再从随机策略或经过迭代细化的高斯分布中采样动作样本，而是应用一种过滤技术，产生更平滑的候选动作序列。到这里，我们已经完整地看到了如何从构建动力学模型，到利用动力学模型规划轨迹完成复杂任务的整个链路。虽然整个流程看似简单，但是每个

钢铁之躯 · Man of Steel

细节都需要大量的思考和实践才能完成,而机器人和科学家们最擅长的便是为这样一个看似异想天开的任务找到最合适的框架,并且将框架中的每一个部分分割成一个个的子任务。这样,一个看似难以完成的任务便可以化简成若干个可以执行的小任务,而科学创新也自然蕴含其中。这样的经历应该每个人都有过,只是如何把它用在机器人上需要一定的专业知识:想象一下,你在做饭的时候,如果直接让你烹饪一份红烧肉,你的脑

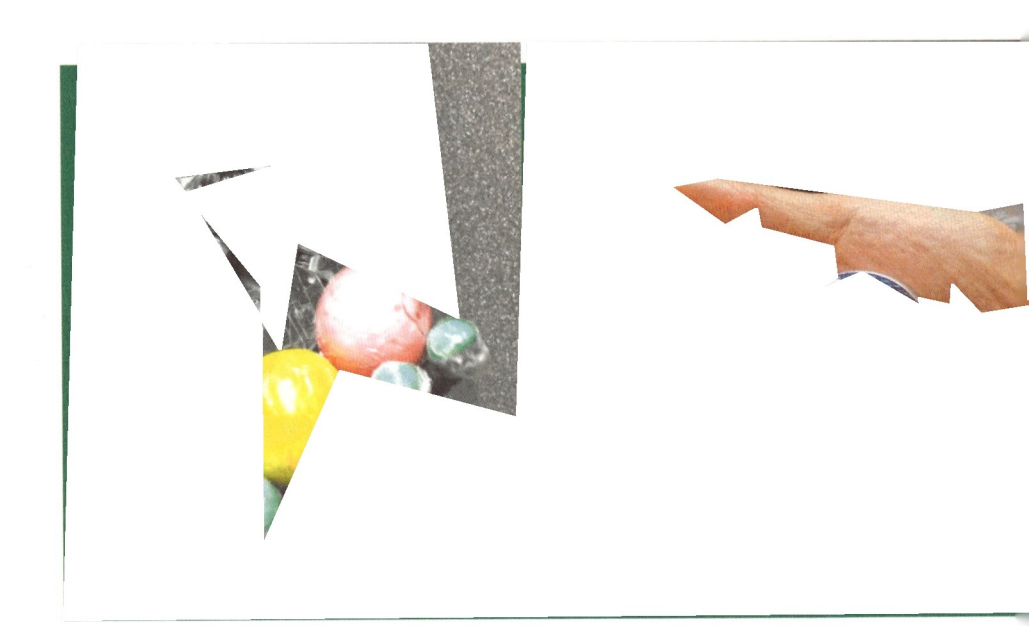

"机械手"转保定铁球(左),人手转保定铁球(右)

海中一定会将这个任务分割成一系列的步骤，而其中一两个步骤可能就是美味的秘诀，例如，酱油和糖的比例，或者烹饪时火力的大小和烹饪时长。如果这个任务交给了一位从未烹饪过红烧肉的读者，那他很可能无法进行步骤分割，同时也很难想到让肉肥而不腻的奥妙究竟在何处（在"红烧肉"项目中，肥而不腻就成了一个关键的科学问题）。

> **无疑在任何领域，都需要大量的思考和实践，才能完成一个充满挑战的任务。**

回到"机械手"操作的问题，无模型的方法相对更加直观，通过模拟器或已有数据直接定位新型策略学习。来自麻省理工学院的研究人员便采用了这样的方法来完成"机械手"的操作。研究人员们以"逼近人类的多样性、灵活性和强健性"为目标，希望可以让"机械手"朝向任意方向重新旋转任意物体。就像此前所说，这样的技能在生活中被频繁应用：选择工具后，机器人必须将工具定位到适当的位置才能使用它。例如，只有当螺丝刀的头部与螺丝的顶部对齐时，才能使用螺丝刀。因此，旋转并重新定位物体不仅是灵巧性的试金石，也是许多下游操作的任务基础。注意这里的一个细节，研究人员们强调了手部的朝向。这是因为，以手在物体下方（即手朝上的配置）的假设进行重新定位比手从物体顶部握住它（即手朝下的配置）要容易得多。在手朝下的情况下，手必须在同时抵消重力的情况下操纵物体。手指运动的微小误差可能导致物体掉落。虽然朝上的手的假设使得控制更容易，但它限制了许多机器人使用工具的想象空间。想要让"机械手"真正操作起来不仅要克服控制上的难点，也要解决感知上的难点。这一难点也说明了为何在"基于模型"的方法有明显的数据效率优势的情形下，仍然有不少的研究人员沿着"无模型"的道路继续探索：如果物体的状态信息本就难以估计，那么利用这些不准确的信息学习到的动力学模型也就不可避免地有较大的误差，在这样带有大误差的模型上去做动作规划，很有可能没法完成精细的动作。基于以上难点，虽然直接从感知中进行控制很困难，但在模拟器里上述物体状态的低维表示却很容易获取，包括物体的位置、速度、姿态和机械臂的本体的感知状态等相关状态信息。因此，利用无模型的深度强化学习构建一个控制器，便可以在仿真中学到许多技能。然而，在仿真中机器人可以如同"作弊"一般使用各种状态的已知信息，这样的控制能力如何转移到现实世界？

"机械手"完成任务的难点在于多指控制的高复杂度和感知物体状态信息耦合在一起，所以研究人员们想要尝试解决这两个难点，首先在模拟器中先学习出最优的动作，然后在现实世界中通过视觉感知去模仿模拟器中的最优动作，这也是一种经典的师生联合训练范式。由于"无模型"的强化学习对数据量要求高，在现实世界中的进行训练将极为缓慢乃至无法进行。

为了应对这一问题，研究人员们巧妙地设计了一个的方法来训练视觉策略，首先使用仿真中点云来进行训练，在训练达到一定程度后再用真实的点云数据来进行微调，从而将整个训练速度大大提升。最后，通过系统地选择使用真实世界数据进行系统识别、域随机化、奖励函数设计以及硬件设计，研究人员们成功地缩短了仿真到现实"机械手"之间的差距。

> **瞧，你现在又了解了如何用"无模型"的方法来控制"机械手"。**

同样是利用"机械手"，"基于模型"和"无模型"的方法都有其自身的优点和局限性，具体选择哪一种可能需要研究人员或工程师根据经验进行判断，但更主要的也要看每个人的学术"信仰"。"基于模型"的方法可以高效地利用样本，但它需要良好的数据基础，这在复杂和动态的环境中可能难以获取；"无模型"的方法不需要动力学模型，可以更加灵活和适应新情况，但通常需要海量数据，同时可能面临训练进展缓慢的问题。是否存在一种方式可以结合两种方法的优点？目前尚不清楚。

◇ 灵巧"机械手"操作模仿 ◇

前述两种方法都有一个共同的假设,即"机械手"要像一个婴儿一样,靠自己探索可行的动作序列从而达到操作物体的目的。尽管这听起来是一条有望让机器人发展出智能的道路,但却不一定是唯一的道路。机器人的"机械手"有一个天然的老师——人类。在一些短视频平台上,存在着海量的视频数据,而这些数据中不乏有着灵巧双手的网络红人,他们用相机记录下如何用自己的双手烹饪美味佳肴或制作精巧的物品,通过视频把技能展示给大家。

机器人学家当然不会错过如此诱人数据,来自加利福尼亚大学圣地亚哥分校的研究人员认为一个有希望的"机械手"学习范式是从人类示范中进行模仿学习。人类数据的来源除了视频以外还有很多,例如,虚拟现实头盔和动作捕捉手套也可以用于收集数据。然而,目前数据收集的成本很高并且很难规模化,给每个任务收集几十到上百段数据已经要花费若干周的时间。相较之下,视频数据几乎无穷无尽,而且任务种类齐全,完成方式也丰富多彩,唯一需要解决的问题便是如何利用好这些视频。

为了探究这一问题，研究人员们首先准备了这样两个系统：一个是一个计算机视觉系统，可以记录人类执行操作任务的视频，另一个则是一个物理仿真系统，以供"机械手"进行灵巧操作并与环境交互。这两个系统内相同的任务彼此对齐，从而做到将三维视觉和机器人灵巧操作联系起来。在此基础上，研究人员们提出了算法流程包含了两个主要阶段。第一阶段，研究者们尝试从录制的视频中提取三维手部以及物体姿态。从视频中恢复出30个自由度的运动绝非易事。第二阶段，研究人员们要将视频中手部的动作和机器人手部的动作建立起对应关系，其中要用到手部动作重定向方法和机器人动作估计。完成了这两步，我们便可以理解为"机械手"可以按照视频中人手的运动轨迹还原其动作了，也就是人类握拳机器人便握拳，人类擦桌子机器人也擦桌子。

在此基础上，研究人员们还让机器人进行了模仿学习从而进一步提升其对不同物体的泛化性。在给定一个视频的情况下，从图中分割出手，从2维的图像中计算，通过将3维手部模型重新映射在2维图像的方式，对手部的位姿估计进行优化。有了完善的位姿估计，下一步便是将估计出的位姿和真实的"机械手"联系起来。这一技术并不是机器人学所独有的，在我们日常看的迪士尼电影中，那些惟妙惟肖的卡通人物动作很多都是通过动作捕捉系统获取真人演员的动作，然后再重新定位到卡通人物身上的。机器人学家们当然也了解到这一点，所以从中借鉴了许多技巧，但与动画更关注视觉效果不同，研究人员们更关心这一技术的物理效果。

到了这里还没有结束，刚刚只是把视频中人手的位姿在考虑到物理限制的条件下映射到了"机械手"的位姿，但达到指定的位姿还需要对控制信号进行计算。计算的目的就是让机器人控制中的"抖动"尽可能小。有生理学研究表明，人手的运动是最小化抖动轨迹，即在运动过程中需要相对最低的能量，因此，如果可以满足这一条件，"机械手"便可以获得更自然的运动能力。与此同时，从控制角度来说，最小化抖动可以降低误差，并限制物理机器人的过度磨损。经过这样一套完整而曲折的流程后，我们终于可以从很容易获取的人类视频数据中，学习到如何让机器人的"机械手"操作各式各样的物体。

如果你采纳了上述的方案，或者你有更聪明的解决方案，那么恭喜你，你已经走在了控制"机械手"的正确道路上。但很可能有些读者并不满足于日常物体的"机械手"操作，下面我们将会给你一个更有挑战的任务——弹钢琴！

和日常的操作任务相比，让"机械手"弹钢琴的挑战则更为困难，包括手指的力度控制、手指的协调运动、手指的指法以及双手的同步性。事实上，让"机械手"弹钢琴也是人类长期追求的梦想之一。在技术尚不成熟的时代，人们通过纸卷上

机器人的末端执行器

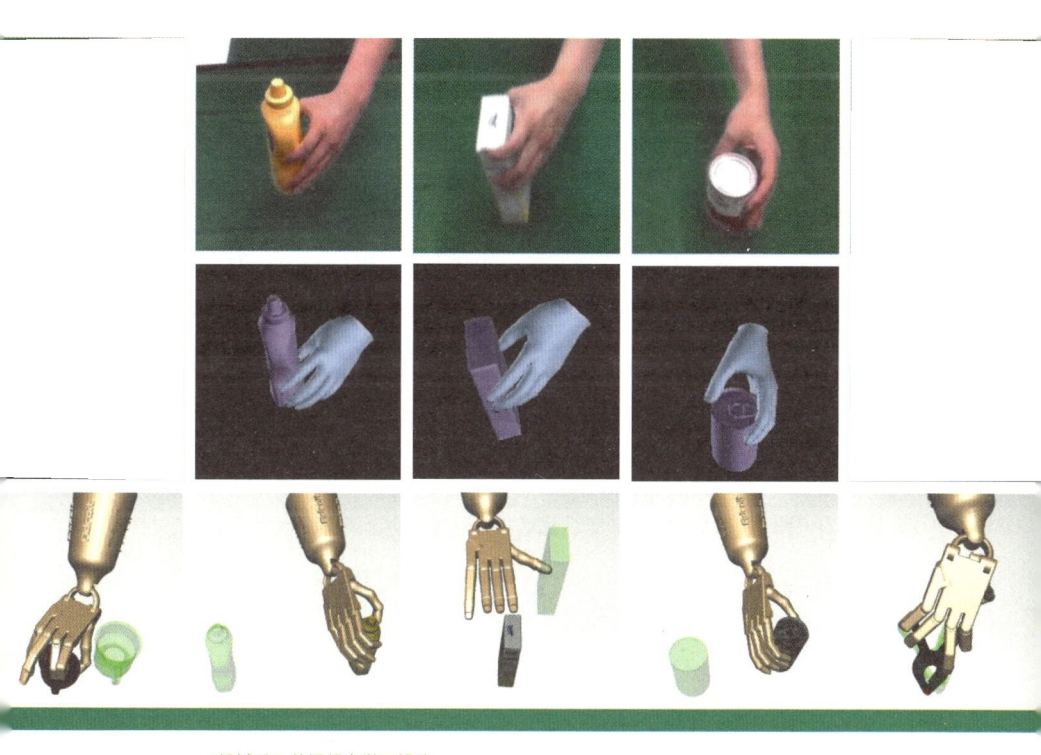

"机械手"从视频中学习操作

的打孔记录使得钢琴可以自动演奏。但随后，人们便开始研究是否可以通过外部的机械结构来完成弹钢琴这一任务，但在技术还未智能化的当时，人们往往需要辅助以工程手段来完成这一艰巨的任务，例如，添加限制自由度的导轨，减少手指数量以便更容易控制（当然这也使得演奏复杂曲目变得不可能）。但也有人反其道而行，在每一个键上都添加一根机械手指。但人们还是希望可以用五指灵巧的"机械手"来完成演奏，这样才能称之为"机器人钢琴家"。但这样的努力仍然面临很多挑战，例如，很多"机械手"无法对手指进行精准控制，或者无论按什么键都只能用固定速度。向着"机器人钢琴家"这一目标，研究人员们发起了一轮轮猛攻，虽然有了不少的成果，但是都离人们认知中的钢琴家相差甚远。

在这样的大背景下，研究人员们把目光再一次投向了强化学习，他们在模拟环境中搭建了钢琴和"机械手"，并且尝试用强化学习来进行钢琴演奏。研究人员们在仿真环境中创建了一个标准的全尺寸数字钢琴，其由 52 个白键和 36 个黑键组成，跨越 12 个大调音阶。并且使用卡瓦伊参考手册来精确匹配键盘上键的尺寸、形状、位置和间距。遗憾的是，钢琴内部的键盘动力学模型是商用电子钢琴的机密内容，所以在仿真环境中每个键都只能使用线性弹簧进行建模。对于"机械手"的构建，研究人员们仍然使用能力相对较强的暗影手模型，并且允许"机械手"左右、前后平移或绕轴旋转。为了模拟钢琴的声音系统，他们使用乐器数字接口（MIDI）标准来表示钢琴曲目并合成声音。简单来说，MIDI 文件存储了个音符的开始和结束信息，同时也包含音符名（编号）、音符速度和时间戳。每个音符的速度则是用一个 0 到 127 之间的整数来表示，数字越大代表声音强度越大。时间戳则指定了何时执行消息，用于表示音乐的节奏等。钢琴上按下一个键的时刻，对应的 MIDI 系统就会被触发，发出声音，并记录下"音符开启"事件，而松开键时会生成一个"音符关闭"事件。为了进一步为"机械手"弹琴的训练做好准备，研究人员们采集转录了一个相当丰富的乐曲库，并将已有的指法转换为可以在模拟环境中播放的 MIDI 文件。这个数据集包含了 24 位西方作曲家的钢琴作品，跨越巴洛克、古典主义和浪漫主义时期。这些作品的难度各不相同，从相对简单的如莫扎特的《C 大调钢琴奏鸣曲（K.545）》到相当困难的斯克里亚宾的《第五首钢琴奏鸣曲》。"指法"一般是用于提示演奏者用哪根手指弹奏琴键，在这一数据集中被编码为一个 10 维的向量，每个向量表示在该时间步上，相应的手指是否预期与一个键接触。但需要注意的是，对于大多数音乐作品，指法信息通常非常稀少，并且仅用于特别棘手的乐段。钢琴家需要依靠自己的技能和对乐器的经验，发现最有效的指法。此外，大多数乐谱上的指法标记只是一个大致的指南，钢琴家需要优雅地融合这些辅助信息，并确保音乐流畅。最后，还需要根据演奏需要为"机械手"设计合适的奖励函数。如果我们的强化学习算法可以帮助"机械手"完成以上的目标，便可以演奏出优美的音乐。当然除了以上的核心要求外，还可以增加更多的辅助奖励来进一步提升机械手的学习速度和效果，例如，

钢铁之躯 · Man of Steel

研究人员给出了指法奖励政策，鼓励手指达到数据集的指法所指示的相应键位，也不仅将目标设定为完成当前的音符，还要考虑到未来是否可以完成。这里是一个非常自然的约束，类似于要求当"机械手"完美地完成一个优美的乐句之后，不能恰巧离下一个乐句的起始位置太远以至于无法成功地连接起来，这无疑非常考验"机械手"的长时间规划能力。总而言之，完美"机械手"的设计及制造任重而道远。

在这本章中，探讨了"机械手"的设计、控制和优化方法，也许，你会觉得想要打造一只可以灵巧操作的"机械手"不再是幻想。我们介绍了各种各样的技术和算法，例如，强化学习、

自动演奏钢琴（左）机械手弹钢琴（右）

运动规划、机器视觉和力控制等，这些都是"机械手"实现和控制的有力武器。"机械手"现在还处于研究阶段，但在可以想象的未来中会有非常多的应用，例如，物流业、制造业和医疗业。我们希望这一章能够为机器人学习和控制领域的研究人员、工程师和学生提供有价值的参考和启示，促进"机械手"技术的发展和应用。让我们一起来打造更加灵巧、智能的"机械手"吧！